U0642965

电力设备技术监督典型案例

BIANYAQILEI SHEBEI

变压器类设备

丛书主编　戴庆华

主　　编　漆铭钧　雷红才

中国电力出版社

CHINA ELECTRIC POWER PRESS

内 容 提 要

《电力设备技术监督典型案例》丛书由 180 余篇电力设备典型案例构成，本分册为《变压器类设备》。本书系统收集了变压器、电抗器、电流互感器、电压互感器全过程技术监督典型案例，详细介绍了案例的监督依据、违反条款、案例简介和案例分析等情况，并提出了具体的监督意见及要求。

本书可供从事电力设备技术监督、质量监督、设计制造、安装调试及运维检修的技术人员和管理人员使用，也可供电力类高校、高职院校的教师和学生阅读参考。

图书在版编目（CIP）数据

变压器类设备/漆铭钧，雷红才主编 . —北京：中国电力出版社，2017.6

电力设备技术监督典型案例/戴庆华主编

ISBN 978 - 7 - 5123 - 9459 - 9

Ⅰ.①变… Ⅱ.①漆… ②雷… Ⅲ.①变压器—技术监督—案例 Ⅳ.①TM407

中国版本图书馆 CIP 数据核字（2016）第 136580 号

中国电力出版社出版、发行

（北京市东城区北京站西街 19 号 100005 http：//www.cepp.sgcc.com.cn）

三河市万龙印装有限公司印刷

各地新华书店经售

*

2016 年 8 月第一版 2017 年 6 月北京第二次印刷

787 毫米×1092 毫米 16 开本 11.75 印张 253 千字

印数 3001—5000 册 定价 **59.00** 元

《电力设备技术监督典型案例　变压器类设备》
编　写　组

丛书主编	戴庆华			
主　　编	漆铭钧	雷红才		
副主编	徐玲玲	李喜桂	彭　江	周卫华
编写组成员	谢耀恒	邵　进	金　焱	刘　赟	王洪飞
	李　欣	彭　平	黄海波	李　璐	焦　飞
	单周平	黎　刚	赵世华	陈志勇	艾　伟
	陈润兰	毕建刚	叶会生	周　挺	孙利朋
	姚　尧	卢甜甜	程　序	向　萌	杨　堃
	张黎明	秦家远	杨　圆	万　勋	谢晓骞
	雷　挺	刘兴文	毛柳明	王彩福	黄　颖
	涂　进	周　舟	吴俊杰	阳金纯	是艳杰
	郭宏展	徐　波	范　敏	丁　宁	袁　帅
	段肖力	吴水锋	李　婷	周　逞	何智强
	吴立远	刘　帆	袁　培	黄国栋	唐振宇
	刘要峰	孙泽文	蒯　强	陈超强	曾　赟
	孙　威	周新军	胡永方	唐民富	朱文彬
	李日波	龚　杰			

电力行业是资产密集型、知识密集型和技术密集型行业，是社会经济发展的基础行业，更是关系国家能源安全和国民经济发展大局的重要行业，对从业人员的专业水平和敬业精神均提出了较高要求。由于电网设备种类繁多，涉及专业众多，电网设备安全稳定运行保障难度大，所以设备全过程技术监督工作意义重大。部分电力设备技术监督从业人员，往往由于从业时间短、工作经历少等客观原因，在开展技术监督工作时不能充分履行监督职责，不能全面、准确地发现问题，从而影响技术监督工作的权威性和有效性，甚至出现监督失误。这种情况和局面并非不能改观，强化技术监督的知识和经验的培训、交流和协作，就是很好的途径与方式。

2015年起，国网湖南省电力公司按照"平等、互助、互惠、互利"的原则，根据地域特征及生产管理特点，将14个地市公司和省检修公司各分部，划分为4个协作片区，制定区域协作制度，明确职责分工，制订工作计划，开展常态技术监督区域协作工作，旨在通过单位间的相互协作，达到"以他山之石，攻本山之玉"的效果，实现技术监督工作的合作共赢，共同进步，并借此推动湖南公司系统技术监督和生产管理水平的整体提升。通过一年多的实践证明，区域技术监督协作机制的创新与实施，实现了单位间"互通技术监督信息、互补技术监督装备、共享技术监督人才、协同专业技术培训"的预期成效，有效地促进了技术监督支撑和保障安全生产的能力和水平提升。2016年3月，"区域技术监督协作机制创新与实践"项目获得第五届全国电力行业设备管理创新成果特等奖，更是给了我们莫大的鼓舞。

2015年6月开始，我们组织收集了湖南公司近十年的技术监督典型案例近200篇，并多次组织进行了内部筛选、审查。2016年，我们再次组织部分行业专家对收集的案例进行审核、修改和完善，优选了其中 140 余篇具有代表性的案例，并补充了中国电科院，以及国网北京电力公司、国网江苏电力公司、国网湖北电力公司和国网河南电力公司等国内同行推荐的 40 余篇典型案例，汇编成《电力设备技术监督典型案例》丛书。丛书分为《变压器类设备》《避雷器及开关类设备》和《输电线路及保护通信设备》三册。望通过《电力设备技术监督典型案例》丛书的汇编出版，实现更大范围的技术监督经验交流与成果共享。

此丛书在编辑出版过程中，得到了国家电网公司运检部副主任杜贵和等领导和专家的大力支持与指导，在此一并致谢！

戴洗锋

2016 年 7 月

前　言

　　电力设备技术监督是电力企业的基础和核心工作之一，是电网设备安全运行的保障。为了强化技术监督的知识，方便开展技术监督经验的培训、交流和协作，特编写《电力设备技术监督典型案例》丛书，本分册为《变压器类设备》。

　　本书系统收集了变压器、电抗器、电流互感器、电压互感器全过程技术监督典型案例，以图文并茂的形式，介绍了案例发生的过程，剖析了故障及异常产生的原因，指出了案例违反的条款，并提出了技术监督工作的意见及要求。

　　本书在编辑出版过程中，得到公司领导和业内专家的大力支持与指导，在此一并致谢。

　　由于经验和能力所限，书中难免存在不足之处，敬请广大读者批评指正。

编　者

2016 年 7 月

目 录

第1章

500kV 变压器/电抗器技术监督典型案例

500kV 变压器运输冲撞导致夹件绝缘损坏

| 监督专业：电气设备性能 | 监督手段：竣工验收 |
| 发现环节：设备调试 | 问题来源：设备运输 |

1 监督依据

GB/T 6451—2015《油浸式电力变压器技术参数和要求》

《国家电网公司十八项电网重大反事故措施（修订版）》（国家电网生〔2012〕352 号）

2 违反条款

（1）GB/T 6451—2015《油浸式电力变压器技术参数和要求》第 11.4.5 条规定：变压器在运输过程中应装三维冲击记录仪。第 11.4.6 条规定：变压器应能承受的运输水平冲撞加速度为 $30m/s^2$。

（2）《国家电网公司十八项电网重大反事故措施》（国家电网生〔2012〕352 号）第 9.2.2.6 条规定：110（66）kV 及以上变压器在运输过程中，应按照相应规范安装具有时标且有合适量程的三维冲击记录仪。主变压器就位后，制造厂、运输部门、用户三方人员应共同验收，记录纸和押运记录应提供用户留存。

3 案例简介

2009 年 2 月，试验人员对某 500kV 变电站 4 号主变压器进行交接验收试验，发现在进行 A 相夹件绝缘电阻试验时，当电压升高到 1300V，会出现夹件对地（箱体）放电的现象。检查发现顶部定位销内部绝缘纸板破损，导致夹件对地放电。更换受损绝缘纸板后，设备恢复正常。

该变压器型号为 ODFPS－334000/500，2007 年 4 月出厂，2008 年投运。

4 案例分析

4.1 试验分析

2009 年 2 月 14 日，试验人员对某 500kV 变电站 4 号主变压器进行 A 相夹件对地绝缘电阻测量，当试验电压达到 1300V 时，夹件对地（箱体）放电，可以明显听到"啪啪"放电声音。经多次试验，放电始终存在。

4.2 开盖检查

2009 年 2 月 15 日，检修人员打开箱顶定位销盖板检查，发现其内部绝缘纸板根部有放电击穿的痕迹，如图 1 所示。

轻摇即可取下绝缘纸板。检查发现其根部已经破损,且放电处周围纸板已损坏,无法将定位销与固定环可靠绝缘。铁心夹件与箱顶盖板部分导通,发生放电击穿。纸板损坏应是在主变压器运输途中,由于纸板遭受强力挤压所致。

4.3 故障处理

部分排油后,拆除原固定环和已损坏纸板,然后在定位销上套上新纸板,重新安装固定环,并将绝缘纸板可靠紧固。更换后的新绝缘纸板如图2所示。恢复盖板密封后,变压器进行真空注油,变压器各项试验数据合格后,恢复正常运行。

| 图1 定位销放电击穿痕迹 | 图2 更换后的新绝缘纸板 |

5 监督意见及要求

(1)变压器在运输和就位过程中,必须严格执行 GB 50148—2010《电气装置安装工程 电力变压器、油浸电抗器互感器、互感器施工及验收规范》第4.5.7条款的规定,安装前应检查三维冲撞记录仪的记录结果,一旦出现冲撞值异常情况,应立即进行内部松动情况检查,发现问题及时处理,情况严重者返厂检修。

(2)变压器交接验收时,应严格开展各项检查和试验,防止设备带病投入运行。

报送人员:彭平。
报送单位:国网湖南电科院。

500kV 变压器高压套管末屏设计
缺陷导致运行开路故障

| 监督专业：电气设备性能 | 监督手段：例行试验 |
| 发现环节：运维检修 | 问题来源：设备设计 |

1 监督依据

《国家电网公司十八项电网重大反事故措施（修订版）》（国家电网生〔2012〕352 号）

2 违反条款

《国家电网公司十八项电网重大反事故措施（修订版）》（国家电网生〔2012〕352 号）第 9.5.6 条规定：加强套管末屏接地检测、检修及运行维护管理，每次拆接末屏后，应检查末屏接地状况，在变压器投运时和运行中开展套管末屏接地状况带电测量。

3 案例简介

2012 年 4 月，试验人员在对某 500kV 变电站 2 号主变压器进行停电例行试验时，发现其高压套管 A、B 相末屏存在渗漏油情况。经检查发现，套管末屏接地不良导致运行中出现悬浮放电，将内部绝缘垫烧穿造成密封不良，最终引起末屏漏油。后经末屏接地方式改造更换后，变压器正常投入运行。

该变压器型号为 ODFPS－334000/500，2007 年 10 月出厂，2008 年投运。变压器高压侧套管型号 BRDLW－550/1600－4，2007 年 3 月出厂。

4 案例分析

4.1 现场检查

试验人员检查 2 号主变压器高压套管油位时，B、C 两相高压套管油表指示正常，但 A 相高压套管油表指示在 20℃偏低位置，套管严重漏油。

拧开 A 相套管末屏金属盖帽，发现盖帽内部冒出带有黑色杂质的绝缘油，如图 1 所示。当完全拧开末屏盖帽时，绝缘油大量流出。因漏油严重，无法继续对该套管开展电气试验。取 A 相套管内部油样进行色谱检测，结果显示油中含有乙炔。检查 B 相高压套管，发现其末屏周围同样存在渗漏油痕迹，如图 2 所示。清洁处理后对其进行试验检查，在测量末屏绝缘电阻时，测试电压只能升至 230V 左右，绝缘电阻测试值仅为 80kΩ。进行末屏介质损耗因数及电容量测量时，加压过程中末屏处出现放电火花并冒烟，于是立即停止试验。综合上述结果，初步怀疑套管末屏接地不良，内部存在悬浮放电现象。

图 1 A 相套管末屏

图 2 B 相套管末屏

4.2 解体检查

该套管末屏为常接地结构，其示意图如图 3 所示。末屏接地引出线穿过小瓷套通过引线柱引出，引线柱对地绝缘。引线柱外套有一个连接有弹簧装置的金属套，金属套与引线柱紧密接触。运行时金属套受内部弹簧的压力与套管内侧接地金属法兰相连，末屏可靠接地，最外部有金属护套盖保护并密封防潮。

为进一步诊断内部故障，检修人员对 A 相套管进行了解体检查。解体前，检查套管末屏接地情况，发现末屏接地不良。解体后，发现末屏接地复位弹簧未完全弹出，如图 4 所示；末屏接地环未可靠接地，且末屏绝缘垫已严重烧损，如图 5 所示。

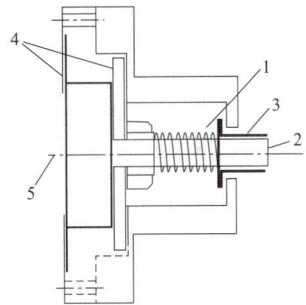

图 3 套管末屏接地结构示意图
1—复位弹簧；2—末屏接线柱；
3—接地环；4—密封件；
5—末屏引线

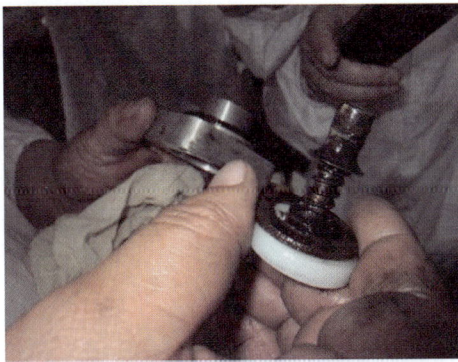

图 4 接地复位弹簧未完全弹出

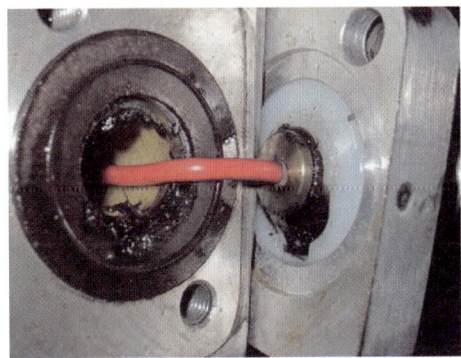

图 5 末屏绝缘垫已严重烧损

该套管末屏接地是通过小铜棒穿过铜套与铝制金属罩来连接实现的。小铜棒与铜套之间主要有两种接触，即通过弹簧压力接触以及棒与套的偏心接触。这两种接触方式的可靠性都不高。在弹簧两端与铜棒和铜套的接触部位，且弹簧弹性降低或接触面受潮氧化后，接触电阻会明显增大。而铜套与铝制金属罩之间，如果弹簧压力不足或被卡住，就会出现接触不良或断开情况。

继续检查电容屏侧末屏引线，未发现放电痕迹等异常情况。对该套管进行介质损耗因数和电容量测试，试验结果合格，说明套管电容屏正常。

综合分析 A 相套管解体和诊断试验结果可知，由于接地套与引线柱间卡塞造成套管末屏接地套弹簧未完全弹出，运行中末屏不能可靠接地，引起悬浮放电。长时间放电使绝缘垫烧穿，最终导致套管漏油。

4.3 缺陷处理

由于存在安全隐患，目前该类型的末屏接地装置已逐渐退出市场。结合本次停电机会，对该变压器高压侧 A、B、C 三相套管末屏接地装置进行改造，更换为新型内置式接地装置，如图 6 所示。新型接地装置增加了销轴 4 和弹簧 6，通过弹簧顶压末屏接线柱，再通过末屏帽与末屏座螺纹连接可靠接地。加装末屏辅助接地罩的目的是增加一个可靠接地点，即便在抽头引线柱接地失效的情况下，也可通过末屏辅助接地罩可靠接地。

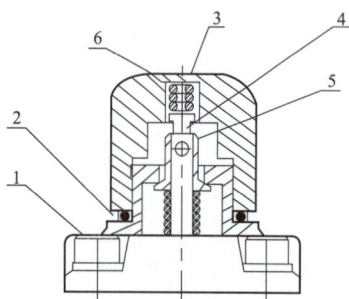

图 6　新型内置式接地装置结构图

1—原末屏座；2—密封垫；3—辅助接地罩；

4—销轴；5—抽头引线柱；6—弹簧

5　监督意见及要求

（1）套管末屏接地的可靠性直接影响套管的运行安全。若不能可靠接地，将导致套管末屏端部对地放电，轻则损坏末屏密封，严重时会导致套管内部绝缘油渗漏、套管受潮，甚至出现套管在运行中爆炸的严重事故。运行人员应加强套管末屏的运行巡检，重点检查末屏装置是否存在渗漏、油污、发热等情况。结合停电机会，对该类套管末屏接地装置进行改造，更换为可靠的接地装置。

（2）设备制造厂应加强设备及部件的设计审查及验证。对改进的新型设计及新型部件，应严格进行论证，并经过充分的试验及检测，确保其性能后才能普遍推广。推广后，应对运维人员进行必要的使用培训，防止在运维过程中由于运维及操作不当，造成设备损坏。

（3）在进行套管介质损耗因数测量或局部放电试验时，如需压下接地套弹簧，必须使用专用的工具，防止损伤末屏接线柱或产生毛刺、杂物等，从而导致接地套弹簧被卡不能完全复位，造成末屏接地不良。

报送人员：阳应伟、龚杰、谭一粟、唐星昱。

报送单位：国网湖南检修公司。

500kV 变压器套管导电回路接触
不良导致直流电阻异常

监督专业：电气设备性能	监督手段：例行试验
发现环节：运维检修	问题来源：运维检修

1 监督依据

Q/GDW 1168—2013《输变电设备状态检修试验规程》

2 违反条款

Q/GDW 1168—2013《输变电设备状态检修试验规程》第 5.1.1.1 条规定：1.6MVA 以上变压器，各相绕组电阻相间的差别不应大于三相平均值的 2%（警示值），无中性点引出的绕组，线间差别不应大于三相平均值的 1%（注意值）；1.6MVA 及以下的变压器相间差别一般不大于三相平均值的 4%（警示值），线间差别一般不大于三相平均值的 2%（注意值）；同相初值差不超过±2%（警示值）。

3 案例简介

2008 年 10 月，试验人员在某 500kV 变电站 1 号主变压器停电试验时发现低压侧直流电阻最大不平衡率超标，经试验检查及综合分析，确定该故障是由低压侧套管内部的导电回路接触不良引起的。

该变压器型号为 ODFPS9－334000/500/$\sqrt{3}$，为三相油浸式风冷变压器，2003 年 3 月出厂。

4 案例分析

4.1 故障描述

2008 年 10 月，试验人员在某 500kV 变电站 1 号主变压器停电试验中发现低压侧直流电阻最大不平衡率超标。当日直流电阻测试数据如表 1 所示，历史测试数据如表 2 所示。当日现场其他例行试验结果未见异常。

表 1   2008 年 10 月 26 日主变压器直流电阻测试数据

设备名称	直流电阻值 （mΩ）	换算至 75℃下直流电阻值 （mΩ）	最大不平衡率 （%）	油温 （℃）
主变压器 a 相	9.719	11.723	6.69	22

设备名称	直流电阻值 （mΩ）	换算至75℃下直流电阻值 （mΩ）	最大不平衡率 （%）	油温 （℃）
主变压器 b 相	9.440	11.387	6.69	22
主变压器 c 相	9.089	10.963		

表 2　　　　　2007 年 3 月 17 日主变压器直流电阻测试数据

设备名称	直流电阻值 （mΩ）	换算至75℃下直流电阻值 （mΩ）	最大不平衡率 （%）	油温 （℃）
主变压器 a 相	9.498	11.028	1.00	32
主变压器 b 相	9.593	11.138		
主变压器 c 相	9.544	11.081		

4.2　原因分析

（1）从最近的历史试验数据看，低压侧换算至75℃下的各相直流电阻值应该在11mΩ左右，本次试验中的 c 相直流电阻值应该与历史值没有明显变化，而 a、b 相直流电阻值已达到 11.723mΩ 和 11.387mΩ，明显大于历史值，特别是 a 相直流电阻值变化较大。

（2）由于 a、b 相直流电阻值较 c 相大，可能是低压绕组 a、b 相导电回路存在接触不良的现象（如低压套管与绕组引线连接部位等）。

4.3　缺陷处理

经技术监督人员和厂家技术人员联合诊断分析，认为试验值异常是套管内部的导电回路接触不良引起的，可以现场进行处理。

处理过程的照片如图 1～图 6 所示。

图1　拆除套管接线板　　　　　　　图2　拆除连接导杆

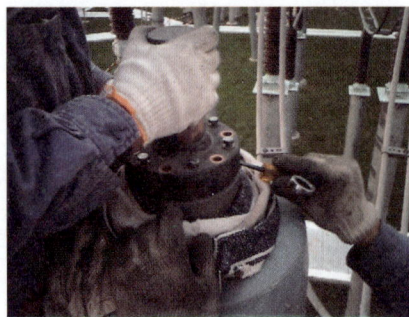

本次拉杆螺栓紧固的力矩均统一为 120N·m，处理后低压侧直流电阻测试三相不平衡率为 1.16%，故障消除。

5　监督意见及要求

（1）对于引出线及导电杆一体式套管，当外部试验需要在套管接线板处拆、装接地

图 3　拿掉连接导杆

图 4　连接导杆下部图

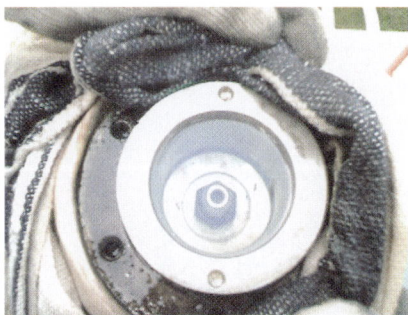

图 5　拆除后套管俯视图

图 6　用力矩扳手紧固

线，如果这时操作不当，可能造成导电杆转动并引起内部引线的松动或脱落，从而导致套管导电回路的接触不良，因此必须多加注意。

（2）对于直流电阻试验结果异常的变压器，应结合历史试验数据及其他项目试验结果进行综合分析，判断故障原因并采取针对性措施。

报送人员：徐俊、朱叶叶。

报送单位：国网江苏苏州供电公司。

500kV 变压器定位销脱落导致高压套管严重发热

| 监督专业：电气设备性能 | 监督手段：带电检测 |
| 发现环节：运维检修 | 问题来源：设备设计 |

1 监督依据

DL/T 664—2008《带电设备红外诊断应用规范》

Q/GDW 1168—2013《输变电设备状态检修试验规程》

2 违反条款

（1）DL/T 664—2008《带电设备红外诊断应用规范》附录 A 规定：对于套管柱头以顶部柱头为最热的电流致热型缺陷，诊断判据分为三种：温差不超过 10K，未达到严重缺陷的要求为一般缺陷，热点温度＞55℃或 $\delta \geqslant 80\%$ 为严重缺陷，热点温度＞80℃或 $\delta \geqslant 95\%$ 为危急缺陷。

（2）Q/GDW 1168—2013《输变电设备状态检修试验规程》第 5.7.1.3 条规定：检测套管本体、引线接头等，红外热像图显示应无异常温升、温差和/或相对温差。

3 案例简介

2011 年 3 月，某 500kV 变电站内 3 号主变压器高压套管 B 相严重发热。检查发现故障原因是变压器设计存在缺陷，致使绕组定位销在变压器运行过程中逐步错位，造成引线与连接端盖松动，从而引起异常发热。现场处理后变压器恢复正常。

该变压器型号为 OSFPS－750000/500，2007 年 10 月出厂，2008 年 6 月投运。

4 案例分析

4.1 带电检测情况

2011 年 3 月，某 500kV 变电站内 3 号主变压器高压套管 B 相严重发热（117.1℃，温差为 92.6K）。缺陷发现时 3 号主变压器有功功率 573MW。红外测温照片如图 1 所示。

4.2 解体检查

主变压器停运后，检修人员首先对 3 号主变压器 B 相高压套管接线端子及引流板进行检查，未发现有明显过热痕迹。

随后，进行绕组引线与套管连接部分（即将军帽）检查。当打开套管引线连接端盖时，发现内部有很多已烧焦的绝缘纸屑及一根长约 30cm 的绝缘纸带，如图 2 所示。

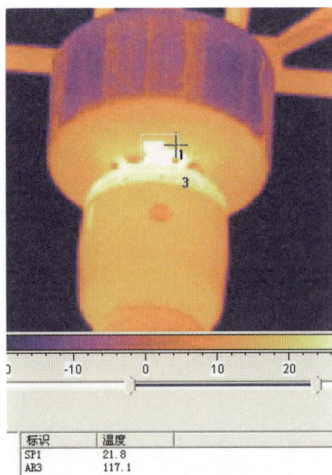 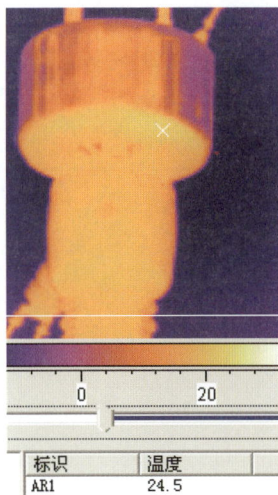

(a)　　　　　　　　　　　　　(b)

图1　过热相及正常相套管红外测温照片

（a）B相高压套管（117.1℃）；（b）A相高压套管（24.5℃）

进一步检查发现，引线定位销与端盖内壁间有放电痕迹，如图3、图4所示，同时绕组引线端螺纹处存在明显过热痕迹，如图5所示。

图2　套管引线连接端盖内部　　　　　　图3　定位销放电痕迹

图4　绕组引线连接端盖内壁放电点　　　图5　绕组引线端螺纹处过热痕迹

另外，结合图 6（b）正常时的照片，可见故障时绕组定位销位置存在明显位移。

图 6　绕组定位销位置对比
(a) 故障时；(b) 正常时

4.3　原因分析

（1）由于该变电站 3 号主变压器 500kV 高压套管在制造上设计了与垂直轴向外倾斜 15°的结构，定位销方向又正好与变压器短轴方向一致。因此，就套管顶部的定位销而言，其与水平面存在一个斜向下 15°的坡度。定位销的主要作用是固定绕组引线，由于主变压器在安装、检修拆头及运行中会受到不同程度的振动，在重力作用下导致定位销慢慢向下移动逐步脱位，造成引线与连接端盖松动，这是引起发热的直接原因。

（2）由于该台主变压器 500kV B 相高压套管定位销已错位 10mm 左右，造成定位销一端与连接端盖间隙过小。此间隙为空气绝缘间隙，当定位销与连接端盖间的电位差引起间隙间的放电，放电产生的热能使套管连接部分温升异常，造成套管表面温度升高。

4.4　缺陷处理

损坏部位清理完毕后，对绕组引线端、连接端盖、套管接线端子及引流板进行打磨及涂导电膏处理。相关检测试验完成后，变压器恢复正常运行。

5　监督意见及要求

（1）此缺陷是由于套管制造厂与变压器制造厂在设计制造中考虑不充分造成的。在对同厂同类型设备进行密切监测的同时，运维单位应与制造厂进一步沟通，对定位销采取必要的防脱落措施。

（2）红外测温技术可有效地发现变压器导电回路异常发热缺陷。因此，运维单位应加强套管红外测温工作，发现异常及时处理，防止变压器事故的发生。

报送人员：徐俊、朱叶叶。
报送单位：国网江苏苏州供电公司。

第 2 章

220kV 变压器技术监督典型案例

220kV 变压器油流继电器蝶阀无锁定措施导致冷却器工况异常

| 监督专业：电气设备性能 | 监督手段：专业巡视 |
| 发现环节：运维检修 | 问题来源：设备制造 |

1 监督依据

GB/T 17468—2008《电力变压器选用导则》

JB/T 5345—2005《变压器用蝶阀》

2 违反条款

（1）GB/T 17468—2008《电力变压器选用导则》第 9.16 条规定：变压器用蝶阀应符合 JB/T 5345 的要求。

（2）JB/T 5345—2005《变压器用蝶阀》第 4.6 条规定：蝶阀应有限位措施来保证关闭严密；阀板在开启和关闭位置时，应有锁定措施。

3 案例简介

2015 年 6 月，运维人员对某 220kV 变电站 1 号主变压器进行专业巡视时，发现 1 号主变压器两台冷却器油流继电器存在抖动现象。经现场检查和分析，其主要原因为阀门密封罩无固定限位装置，使蝶阀无法锁定，在油流冲击下，阀门处于半开半闭状态，导致油流继电器抖动并向后台发报警信号。通过对此类密封罩加装固定限位装置，消除了该缺陷。

该变压器型号为 SFPSZ10‑120000/220，2001 年 6 月出厂，2001 年 11 月投运。

4 案例分析

4.1 现场检查

运维人员现场检查该变电站 1 号主变压器，1 号、4 号两台冷却器均存在油流继电器指针抖动现象，如图 1 为故障油流继电器表计。该主变压器为强油循环风力冷却系统，这两组冷却器的强油循环系统主母管阀门密封罩均为老式密封罩，无固定限位装置的阀门密封罩如图 2 所示，运行时的油流冲击极易使得阀门转轴松动。

4.2 原因分析

该阀门无固定限位装置，一旦阀门转轴松动，将使得阀门长期处于半开半闭状态，如图 3 所示，造成油流不畅通，并产生如图 4 所示的问题，具体如下：

图 1　故障油流继电器表计　　　　　图 2　无固定限位装置的阀门密封罩

（1）阀门半开半闭，油流不畅通，冷却器油流循环大大降低，严重影响变压器散热效果。

（2）由于主阀门半开半闭，使得变压器油流量时大时小，油流继电器的指针不断来回摆动，导致油流继电器不断向后台发出报警信号。

（3）冷却器的强油循环，主要是靠潜油泵引流，而阀门半闭状态，使油泵长期处于空转状态，导致油泵润滑不够而干磨损坏。一旦油泵损坏，其产生的金属杂质进入变压器油中，会导致变压器油绝缘程度降低，严重时甚至会造成变压器内部放电、短路。

图 3　半开半闭状态的阀门　　　　　图 4　油流不畅导致的故障

4.3　处理措施

为解决阀门无锁定导致油流继电器抖动问题，对该类型阀门的老式密封罩进行改进，研制出一款具有锁定功能的密封罩，如图 5 所示。定位密封罩分为两大部分，上部为密封阀门部分，可防止雨水、异物进入阀门，如图 5（a）所示；下部为阀门固定部分，可将阀门固定牢固，如图 5（b）所示。在上、下部之间以及下部与阀门之间均装有密封橡胶垫，防止变压器油的渗漏。同时，为安装方便，在下部固定件中设计了一块可调固定片，如图 5（c）所示。该固定片预留一个 150°的弧形开口，使密封罩在安装时能随时调节安装位置，同时满足了锁定和密封的要求，增强了该密封罩的安装便捷性。

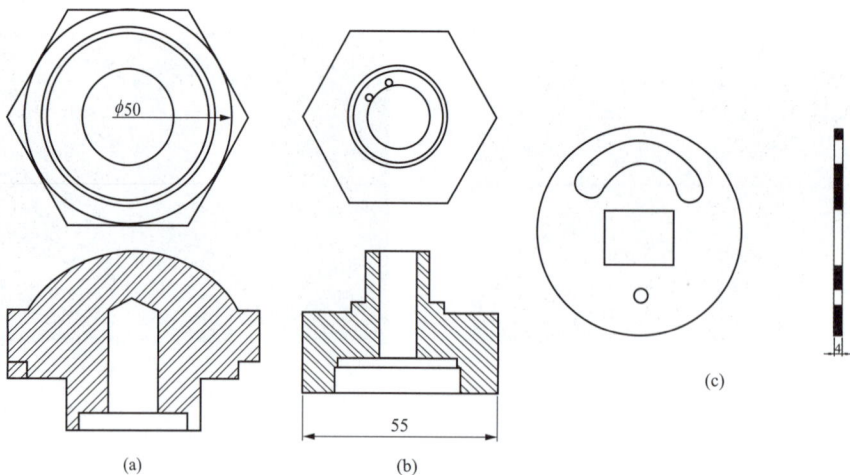

图5　定位密封罩设计图
（a）密封罩上部设计图；（b）密封罩下部设计图；（c）下部可调固定片设计图

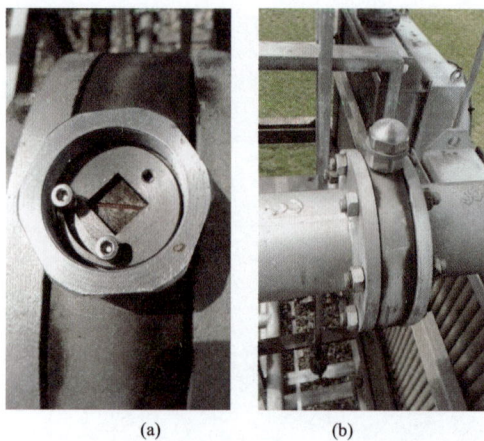

图6　定位密封罩现场安装示意图
（a）调节固定片进行限位；（b）安装外观图

对变压器强油循环冷却器阀门的密封罩更换，进行阀门固定限位处理后，缺陷消除，现场安装示意图如图6所示。

5　监督意见及要求

（1）加强强油循环变压器的监造和验收工作，不得使用无锁定措施的蝶阀。

（2）开展主变压器阀门密封罩专项排查，重点排查油流继电器异常抖动或误发报警信号的情况。发现同类结构的密封罩，应及时进行更换，并对更换后的效果进行跟踪观察。

报送人员：帅勇、徐荣祥、杨铭、谭成林。
报送单位：国网常德供电公司。

220kV 变压器排油注氮装置未使用双浮球结构气体继电器导致主变压器存在安全隐患

| 监督专业：电气设备性能 | 监督手段：竣工验收 |
| 发现环节：设备验收 | 问题来源：设备设计 |

1 监督依据

《国家电网公司十八项电网重大反事故措施（修订版）》（国家电网生〔2012〕352号）

2 违反条款

《国家电网公司十八项电网重大反事故措施（修订版）》（国家电网生〔2012〕352号）第9.7.2条规定：采用排油注氮保护装置的变压器应采用具有联动功能的双浮球结构的气体继电器。

3 案例简介

2013年8月，运维人员对某新建220kV变电站进行投产验收时，发现1号主变压器的排油注氮保护装置采用了传统挡板式气体继电器，由于其未安装具有联动功能的双浮球结构气体继电器，致使变压器保护存在重大安全隐患，将该1号主变压器的气体继电器更换为双浮球结构的气体继电器，投运后设备运行正常。

该变压器型号为SSZ11-240000/220，2012年12月出厂，2013年4月投运。

4 案例分析

4.1 现场检查

运维人员在验收过程中，发现该新建变电站1号主变压器采用普通挡板式气体继电器，如图1所示，不符合《国家电网公司十八项电网重大反事故措施（修订版）》的第9.7.2条规定。

若采用挡板式气体继电器，当出现排油充氮装置截止阀误关闭等异常情况时，储油柜内的油不能补充至本体内，导致本体内部器身暴露，可能引发变压器故障，严重时造成设备损坏。若采用双浮球气体继电器，当截止阀异常关闭，油面下降至气体继电器底部时，气体继电器下浮球跌落，并发出跳闸信号，从而防止出现主变压器因器身暴露导致的变压

图1 普通挡板式气体继电器示意图

器损坏事故。

4.2　处理措施

为保护主变压器安全运行，将该 1 号主变压器的气体继电器更换为双浮球结构的气体继电器，投运后设备运行正常。

5　监督意见及要求

（1）严格按照《国家电网公司十八项电网重大反事故措施（修订版）》的要求，加强对新入网变压器排油注氮装置气体继电器验收，杜绝不合格设备入网。

（2）加强对在运变压器排油注氮装置气体继电器的结构进行排查，对不满足《国家电网公司十八项电网重大反事故措施（修订版）》的继电器，应及时进行更换。

报送人员：阳应伟、龚杰、谭一粟、唐星昱、余帅。

报送单位：国网湖南检修公司。

220kV 变压器出油管设计不合理导致夹件多点接地

| 监督专业：电气设备性能 | 监督手段：竣工验收 |
| 发现环节：设备验收 | 问题来源：设备设计 |

1 监督依据

Q/GDW 1168—2013《输变电设备状态检修试验规程》

2 违反条款

(1) Q/GDW 1168—2013《输变电设备状态检修试验规程》第 5.1.1.1 规定：铁心绝缘电阻≥100MΩ（新投运 1000MΩ）（注意值）。

(2) Q/GDW 1168—2013《输变电设备状态检修试验规程》第 5.1.1.7 规定：绝缘电阻测量采用 2500V（老旧变压器 1000V）绝缘电阻表。除注意绝缘电阻的大小外，要特别注意绝缘电阻值的变化趋势。夹件引出接地的，应分别测量铁心对夹件及夹件对地的绝缘电阻值。

3 案例简介

2011 年 10 月，试验人员对某 220kV 变电站 2 号主变压器进行交接试验，发现夹件对地绝缘电阻为零，夹件存在多点接地。后经检查发现，该变压器内部本体上部油母管的挡气环与上夹件绝缘距离不够，在变压器注满油时发生短接导致夹件多点接地，最终该变压器返厂检修。

该变压器型号为 SFSZ-240000/220，2009 年 3 月出厂，2011 年 10 月投运。

4 案例分析

4.1 现场检查

试验人员对该变压器进行排油，当排油至低压套管下端时测试夹件绝缘电阻值，夹件绝缘未恢复；对夹件接地引出线检查未发现异常，无法确定导致夹件接地的原因。当油全部排完后，夹件绝缘电阻值恢复至 3000MΩ。

技术人员进入变压器内部进行检查发现，变压器本体上部油母管的挡气环有两处与上夹件距离过近（2～3mm，原设计为 30mm，新设计为 5～6mm），如图 1 所示，怀疑夹件多点接地由该处引起。

技术人员在距离最近处塞入绝缘纸垫块（一处塞 3 块，另一处塞 2 块，每块纸垫块厚度均为 2mm）后测量夹件绝缘电阻值，测试值为 3800MΩ。随后对该变压器进行抽真

图 1 变压器内部油母管的挡气环
与夹件位置图

空处理并用万用表监测夹件绝缘电阻值,当变压器真空度达到 60Pa 时万用表导通。技术人员再次进入变压器内部检查,发现之前加入的垫块已经被压坏。

技术人员将绝缘薄弱处的箱顶拉起以恢复足够的绝缘距离后,然后对该变压器采用空气干燥破真空,同时跟踪测试夹件绝缘电阻。破完真空后夹件绝缘电阻达到 4800MΩ,即破真空的过程中夹件的绝缘电阻得到了恢复。综合分析认为,该变压器夹件多点接地为抽真空导致上部油母管的挡气环与上夹件短接所致。

继续增加绝缘纸板的厚度(一处塞 6 块,另一处塞 4 块,每块纸垫块厚度 2mm),抽真空后,再用万用表跟踪测量夹件绝缘电阻,绝缘电阻值为 3750MΩ,绝缘良好。

4.2 原因分析与处理措施

导致该变压器夹件绝缘电阻不合格的原因为设计上存在缺陷。厂家在出油管端增加了挡气环(新设计,以前并未采用),但未重新考虑绝缘距离是否满足要求,导致出油管与夹件距离不够,在变压器注满油或抽真空情况下箱顶发生向下的弹性形变,从而使挡气环与夹件直接短接。

针对该问题,如果采用增加绝缘纸垫块来隔离出油管挡气环与夹件的措施,存在以下隐患:①在变压器运行过程中振动有可能导致挡气环与夹件之间的绝缘纸板破损,再次造成变压器夹件多点接地;②由于增加了绝缘纸板将导致变压器油路不畅通,导致变压器高温、高负荷时变压器局部油温过高,影响变压器寿命,严重时甚至可能导致变压器故障跳闸。最终决定该变压器返厂检修,取消了上部油管挡气环,变压器修复后投运正常。

5 监督意见及要求

(1)变压器进行设计变化时,应预先充分进行严格的论证和检验,全面考虑不确定因素对产品的影响。

(2)加强设备出厂监造验收,严把设备入网关,防止不合格产品进入电网。

(3)加强同厂家生产的变压器、电抗器红外测温和铁心、夹件接地电流测量等带电检测工作,及时发现并处理设备隐患。

报送人员:刘要峰、毛学锋、张国旗、张欢。
报送单位:国网湖南检修公司。

220kV 变压器夹件钢拉带与夹件连接不良
导致内部绝缘件损伤故障

监督专业：电气设备性能　　　　监督手段：专业巡视
发现环节：运维检修　　　　　　问题来源：设备制造

1　监督依据

Q/GDW 1168—2013《输变电设备状态检修试验规程》

2　违反条款

（1）Q/GDW 1168—2013《输变电设备状态检修试验规程》第 5.1.1.4 规定：当怀疑有内部缺陷（如听到异常声响）、气体继电器有信号、经历了过负荷运行以及发生了出口或近区短路故障，应增加取样分析。

（2）Q/GDW 1168—2013《输变电设备状态检修试验规程》第 5.1.1.1 规定 220kV 及以下变压器油中溶解气体含量：乙炔≤5μL/L（注意值），氢气≤150μL/L（注意值），总烃≤150μL/L（注意值）。

3　案例简介

2014 年 2 月，某 220kV 变电站 2 号主变压器轻瓦斯动作，油色谱分析乙炔含量超标，停电后吊罩检查发现该主变压器下夹件钢拉带一侧绝缘件烧损，另一侧等电位跨接引线烧断，对该部位进行更换处理后恢复运行。

该变压器型号为 SFSZ10 - 180000/220，2009 年 1 月出厂，2009 年 6 月投运。

4　案例分析

4.1　油中溶解气体分析

该主变压器气体继电器气样及本体油色谱分析跟踪测试结果如表 1 所示。

表 1　　　　2 号主变压器气体继电器气样及本体油色谱分析跟踪测试结果　　　　（μL/L）

检测日期	甲烷	乙烷	乙烯	乙炔	氢气	一氧化碳	二氧化碳	总烃	备注
2014 - 02 - 27 凌晨	872	0.93	34.1	471.1	288 729	196 420	1355	1378.1	气体气样
	12.3	1.5	5.4	9.2	23.2	486	1359	28.4	中部
2014 - 02 - 27 中午	14	1.7	6.6	11.4	25.5	504.6	1354	33.7	下部
	12.4	1.6	5.6	9.4	21.7	479.5	1301	29	中部

检测日期	甲烷	乙烷	乙烯	乙炔	氢气	一氧化碳	二氧化碳	总烃	备注
2014-02-28 上午	15.2	1.9	8.5	15.3	42.8	492	1396	40.9	下部
	14.2	2	7.8	14.2	39.3	457	1343	38.2	中部
备注	环境温度：14℃				相对湿度：70%				

试验结果显示气体继电器气样中乙炔含量 471.1μL/L、总烃含量 1378.1μL/L，本体油样中乙炔含量 9.2μL/L、总烃含量 28.4μL/L，乙炔含量均超过 Q/GDW 1168—2013《输变电设备状态检修试验规程》规定的注意值：5μL/L。并依据三比值法（该变压器绝缘油色谱分析三比值为 102），初步判断变压器内部存在低能放电现象，可能的原因有：引线与电位未固定的部件之间连续火花放电；分接抽头引线和油隙闪络；不同电位之间的油中火花放电或悬浮电位之间的火花放电。

4.2　吊罩检查

为进一步查明故障原因，对变压器进行吊罩检查。检查发现，在变压器低压侧 C 相绕组下方靠近 B 相绕组侧，夹件钢拉带与夹件之间的连接铜线因放电烧损，如图 1 所示。该拉带对侧固定螺栓绝缘件放电烧损，并已碳化，如图 2 所示。其他部分外观检查结果正常。

图 1　夹件与钢拉带之间的连接铜线烧损

图 2　夹件钢拉带对侧固定螺栓绝缘件烧损

图 3　新制作更换的夹件
与钢拉带之间连接铜线

检修人员使用专用的绝缘纸包扎新的连接铜线后，更换夹件与钢拉带之间的连接铜线和钢拉带对侧紧固螺栓绝缘件，如图 3 所示。更换后将所有拉带的连接铜线一一解开进行绝缘电阻测试，绝缘电阻正常。变压器恢复运行后，本体绝缘油油色谱分析跟踪测试结果正常。

5　监督意见及要求

（1）变压器在生产过程中所需的各型材料质量应可靠，禁止使用不合格产品。

（2）当怀疑变压器有内部缺陷（如听到异常声响）、气体继电器有信号、经历了过负荷运行以及发生了出口或近区短路故障时，应进行色谱检测。如油色谱结果异常，应全面结合其他试验项目的结果进行综合分析诊断，必要时进行吊罩检查，找出导致色谱异常的原因并处理，确保解决问题，确保变压器安全运行。

报送人员：方毅平、刘偿、董卓、汪一雄。
报送单位：国网湖南检修公司。

220kV 变压器高压侧套管油位偏高导致喷油故障

<table>
<tr><td>监督专业：电气设备性能</td><td>监督手段：专业巡视</td></tr>
<tr><td>发现环节：运维检修</td><td>问题来源：运维检修</td></tr>
</table>

1 监督依据

DL/T 572—2010《电力变压器运行规程》

《国家电网公司十八项电网重大反事故措施（修订版）》（国家电网生〔2012〕352 号）

2 违反条款

（1）DL/T 572—2010《电力变压器运行规程》第 5.1.4 条规定：变压器日常巡视检查一般包括套管油位应正常，套管外部无破损裂纹、无严重油污、无放电痕迹及其他异常现象；套管渗漏油时，应及时处理，防止内部受潮损坏。

（2）《国家电网公司十八项电网重大反事故措施（修订版）》（国家电网生〔2012〕352 号）第 9.5.5 条规定：运维人员正常巡视应检查记录套管油位情况，注意保持套管油位正常。

3 案例简介

2012 年 7 月，运维人员对某 220kV 变电站巡视时，发现 1 号主变压器高压侧 C 相套管喷油。停电后检查 C 相套管顶部密封圈已移位，套管油中溶解气体分析结果正常，分析认为该套管油位本身偏高，在长时间高温天气下油位上升，内部压力增大，最终造成喷油故障。对 C 相套管进行更换处理后，变压器恢复正常运行。

该套管型号为 BRL3W1 - 252/630 - 4，2008 年 4 月出厂，2009 年 1 月投运。

4 案例分析

4.1 现场检查

检修人员检查 C 相套管密封情况，发现顶部密封圈已移位。对该套管取油样进行油色谱分析，试验结果正常。查阅历史数据，发现 C 相套管喷油前，油位显示偏高，接近最大值，如图 1 所示。

4.2 原因分析

造成套管顶部出现喷油现象的原因，一般有以下几个方面：

（1）气温影响。当年 6~7 月，该变电站所在地区气温较高，持续高温达 34~36℃，油受热膨胀造成套管内部油位上升。

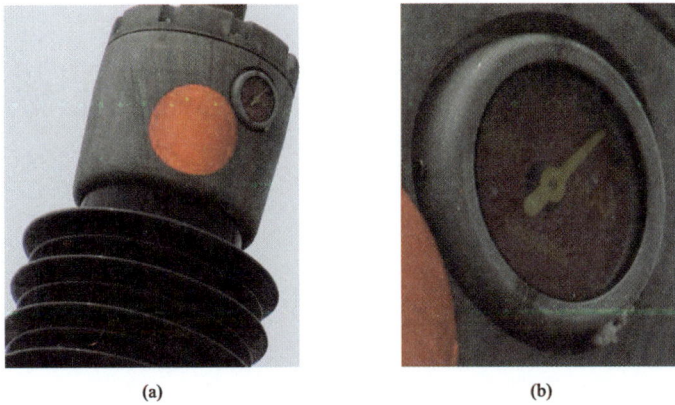

(a)   (b)

图 1　高压侧 C 相套管油位示意图
(a) 远观图；(b) 近视图

（2）套管油位偏高。套管出厂时注油偏多，套管顶部空间不足，持续高温天气时，套管内部绝缘油受热膨胀，油位上升导致套管顶部空间逐渐缩小，内部气压逐渐增大，当气压达到极限时，冲开套管顶部密封件造成喷油故障。

（3）套管内部故障。如内部产生放电性或过热性故障，导致套管内部气体增多，气压增大，造成喷油。

由于套管内部绝缘油色谱分析结果正常，可排除套管内部故障原因。综合分析，可判断该套管由于油位偏高，在长时间持续高温影响下绝缘油膨胀，套管内部气体压力增大，超出顶部密封圈承受的最大压力，使密封垫移位而导致套管喷油。

4.3　故障处理

对 C 相套管进行更换处理后，变压器恢复正常运行。

5　监督意见及要求

（1）套管出厂注油时，或检修过程中补油时，应注意控制补油量，确保油位不超出限值。

（2）变压器日常巡视时应仔细检查套管油位是否正常，结合环境温度与历史油位进行对照分析，检查套管外部有无破损裂纹、严重油污、放电痕迹及其他异常现象。当发现套管渗漏油时，应及时处理，防止因内部受潮而损坏。

报送人员：阳应伟、龚杰、谭一粟、唐星昱、余帅。
报送单位：国网湖南检修公司。

220kV变压器高压侧套管绝缘油内漏导致套管油位异常

| 监督专业：电气设备性能 | 监督手段：专业巡视 |
| 发现环节：运维检修 | 问题来源：设备制造 |

1 监督依据

Q/GDW 1168—2013《输变电设备状态检修试验规程》

2 违反条款

Q/GDW 1168—2013《输变电设备状态检修试验规程》第5.1.1.3规定：检测变压器箱体、储油柜、套管、引线接头及电缆等，红外热像图显示应无异常温升、温差和/或相对温差。

3 案例简介

2012年5月，运行人员在对某220kV变电站进行巡检时，发现2号主变压器高压C相套管油位指示偏低。检修人员随即对2号主变压器进行红外测温，发现高压C相套管温度明显异常，判断高压C相套管内部缺油，停电补油后套管油位指示恢复正常，投运15天后红外测温再次发现高压C相套管油位偏低，检查主变压器本体及套管周围并未发现渗漏油现象，将高压C相套管吊出后发现套管绝缘油存在内漏。

该变压器型号为SFSZ-180000/220，2007年7月出厂，2008年3月投运。

4 案例分析

4.1 带电检测情况

2012年5月14日，对该变压器高压套管进行红外测温结果如图1所示，由图1可知高压C相套管温度明显异常，判断高压C相套管内部缺油。变压器停电后对高压C相套管补油，套管油位恢复正常，诊断性试验数据合格，投运后该变压器本体及套管红外测温均正常。

2012年6月1日，检修人员在对该变压器的红外测温跟踪检测中，再次发现高压C相套管油位偏低，与储油柜油位基本持平，如图2所示。

因2号主变压器高压C相套管漏油，且主变压器本体及套管周围均无渗漏油现象，初步判断高压C相套管内部存在渗漏点，使绝缘油内漏至主变压器本体油箱内。

4.2 原因分析

为进一步查明故障原因，将该变压器高压C相套管拆除后进行检查，发现可能的漏

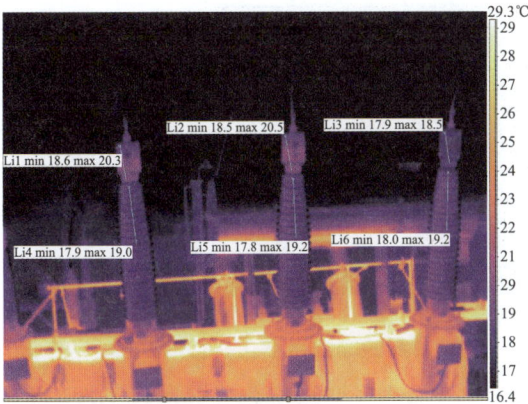

图 1　2 号主变压器高压   图 2　2 号主变压器投运 15 天后
套管红外热像图   高压套管红外热像图

油部位有两处：一处为套管底部瓷瓶法兰密封垫，如图 3 所示，原因为底部瓷瓶法兰密封垫表面有油迹，且底部瓷瓶存在裂痕；另一处为套管底部放油螺钉密封垫，如图 4 所示。用干燥布片将套管底部擦拭干净后，静置 5min，仍发现底部放油螺钉处有明显漏油现象，如图 5 所示，而瓷瓶底部法兰密封垫无漏油现象，因此判断漏油点为底部放油螺钉处。

图 3　底部瓷瓶法兰密封垫

图 4　套管底部放油螺钉封垫

套管底部放油
螺钉密封垫

图 5　套管底部放油螺钉处有明显漏油现象

拆下放油螺钉，发现密封垫已明显老化，有开裂现象，导致套管底部密封不良，套管内部绝缘油由此处漏向主变压器内部，直至套管油位与储油柜油位持平。套管底部放油螺钉密封垫老化情况如图 6 所示。

图 6　套管底部放油螺钉
密封垫老化破裂

4.3　故障处理

对 C 相套管进行更换处理。变压器恢复运行后，开展红外测温，结果正常。

5　监督意见及要求

（1）在迎峰度夏等大负荷期间，应加强对主变箱体、储油柜、套管、引线接头等部位的红外精确测温并建立图谱库。

（2）对巡检及带电检测中发现的各类缺陷（疑似缺陷），在未查明原因前应加强跟踪，直至缺陷原因查明并消除。

报送人员：徐宇。
报送单位：国网湖南益阳供电公司。

220kV 变压器中压侧套管等电位销
接触不良导致介质损耗增大

监督专业：电气设备性能　　　　监督手段：例行试验
发现环节：运维检修　　　　　　问题来源：设备安装

1　监督依据

Q/GDW 1168—2013《输变电设备状态检修试验规程》

2　违反条款

Q/GDW 1168—2013《输变电设备状态检修试验规程》第 5.7.1 规定：110kV 油浸纸电容型绝缘套管介质损耗因数≤0.01。

3　案例简介

2011 年 4 月，试验人员在对某 220kV 变电站 2 号主变压器进行停电例行试验时，发现变压器中压侧 B 相套管介质损耗因数超标。检查发现原因为套管顶部等电位销与帽盖接触不良，导致介质损耗增大。检修人员对该套管顶部等电位销重新进行安装，使其接触良好，处理后试验合格。

该变压器型号为 SFPSZ8 - 120000/220，1994 年 11 月出厂，1995 年 9 月投运。

4　案例分析

4.1　试验情况

2011 年 4 月 20 日，试验人员在对某 220kV 变电站 2 号主变压器进行停电例行试验，试验项目包括绝缘电阻测试、绕组绝缘介质损耗因数测试、绕组直流电阻测试、套管试验等。试验发现中压侧 B 相套管主绝缘介质损耗因数超标，电容量与上次试验值相比无明显变化，试验数据如表 1 所示。其他试验数据均正常。

表 1　　　　　　　　　介质损耗及电容量测试数据

试验方法	次数	电容量（pF）	介质损耗（%）	20℃时介质损耗
正接法	第一次	310.5	1.282	1.039
	第二次	310.6	1.321	1.071
	第三次	310.3	1.318	1.068
试验结论			不合格	
备注		环境温度：28℃	相对湿度：54%	

根据检修经验，初步判断该套管介质损耗超标的原因可能为与套管连接的相关部件接触不良。

4.2 解体检查

为进一步查明故障原因，对该变压器中压侧B相与套管连接的相关部件进行解体检查。解体过程中发现该套管顶部与帽盖接触不良，等电位销存在悬空现象，导致该套管介质损耗增大，如图1所示。该型号套管为穿缆式套管，绕组的引出线从套管底部穿入，一直延伸到套管顶部。在将军帽上沿使用一等电位销穿过绕组导电杆，将其固定在将军帽上。套管结构图如图2所示。

图1 套管等电位销插入部位

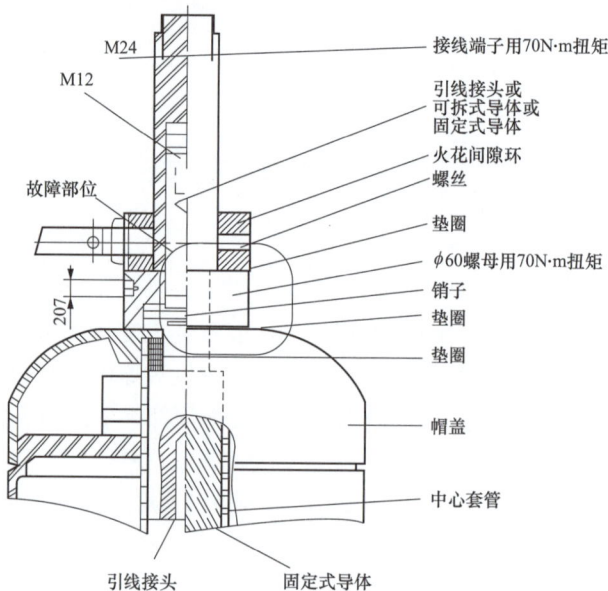

图2 套管结构图

该类型套管多次出现介质损耗因数超标的现象，其原因为套管顶部等电位销由于安装工艺不良或是在运行过程中发生震动，导致等电位销悬空，以致测试时介质损耗增大。

4.3 故障处理

检修人员对该套管顶部等电位销重新安装，使其与绕组导电杆接触良好，处理后试验合格。

5 监督意见及要求

（1）油纸电容型套管由于结构原因，容易在安装或运行过程中，使其等电位销接触不良，接触电阻增大，从而引起套管介质损耗增大。因此在测试过程中，遇到套管电容量合格而介质损耗因数超标的情况时，首先应排除测量工作本身影响因素，如环境温度、湿度等。当空气湿度增大或表面脏污时，由于表面泄漏电流的影响，测试结果容易导致误判。其次是要检查内外部连接情况。外部连接是指介质损耗测试仪高压引线和电气设备的连接；内部连接则是指电气设备内部的连接情况，这两部分如没有连接好，均会导致介质损耗超标的情况。

（2）对于油纸电容型套管，如发现套管介质损耗因数与上次试验值或交接试验值相比有所增大或异常偏大等情况，可用万用表测试套管导电杆与均压帽之间是否导通，从而进行辅助判断。同时建议变压器生产厂家对油纸电容型套管等电位销进行改进，防止此类事件的再次发生。

报送人员：杨娟、邹旭鹏、胡阳、何书迪。
报送单位：国网湖南永州供电公司。

220kV 变压器内部低压母线相间短路导致主变压器跳闸

监督专业：电气设备性能	监督手段：例行试验
发现环节：运维检修	问题来源：运维检修

1 监督依据

Q/GDW 1168—2013《输变电设备状态检修试验规程》

2 违反条款

Q/GDW 1168—2013《输变电设备状态检修试验规程》第 5.1.1.1 条规定：油中溶解气体分析，330kV 及以上变压器油中乙炔含量小于等于 $1\mu L/L$，其他电压等级变压器油中乙炔含量小于等于 $5\mu L/L$；变压器油中氢气含量小于等于 $150\mu L/L$；变压器油中总烃含量小于等于 $150\mu L/L$。

3 案例简介

2013 年 7 月，某 220kV 变电站 1 号主变压器差动保护和重瓦斯保护动作，分接开关防爆膜裂开，高、中、低压三侧断路器跳闸。对变压器进行诊断试验，发现总烃、乙炔严重超标，其余试验项目正常。经吊罩检查发现，故障原因为变压器内部低压 a 相和 b 相引线短路形成电弧放电，导致主变压器差动保护和重瓦斯保护动作，主变压器跳闸。于是对套管偏心的瓷套进行矫正，更换低压引线与套管软连接铜排和分接开关油室上盖板，清理附着在压板、引线和外侧围屏等处的铜渣，调整升高座内二次绕组位置，并对变压器油进行处理。各项交接试验合格以后，变压器投运正常。

该变压器型号为 SFPSZ7 - 120000/220，1987 年 4 月出厂，1987 年 12 月投运。

4 案例分析

4.1 试验分析

2013 年 7 月 17 日，某 220kV 变电站 1 号主变压器 A、B 相差动保护和重瓦斯保护动作，高、中、低压三侧断路器跳闸。

对该主变压器进行诊断性试验，油中总烃、氢气严重超标，乙炔达 $838.71\mu L/L$，具体如表 1 所示，其余试验项目结果正常。三比值编码为 102，判断为电弧放电。考虑到分接开关防爆膜裂开，为排除分接开关内部放电的可能，对分接开关油室绝缘油进行了色谱检测，结果正常。

表1				油 色 谱 数 据				(μL/L)
时间	氢气	甲烷	乙烯	乙烷	乙炔	一氧化碳	二氧化碳	总烃
2013-7-1	11.11	7.32	11.43	1.01	0.00	851.03	4445.22	19.76
2013-7-16	16.75	7.87	11.43	1.13	0.00	864.68	4525.78	20.43
2013-7-18	1337.27	274.34	483.26	14.06	838.71	1184.02	7321.07	1610.37

4.2 外观检查

对该主变压器进行外观检查,主变压器两侧压力释放阀动作,地面上多处留有油渍如图1所示;高压套管下方加强筋有两处较明显断面如图2所示;高中压套管外瓷套偏心移位如图3所示;分接开关油室上盖板防爆膜破裂,绝缘油不断外渗,分接开关油室油位持续下降,如图4所示;低压侧 a 端和 y 端外接铜排严重变形,热缩套部分脱落如图5、图6所示。

图1 压力释放阀喷出的绝缘油

图2 油箱钟罩加强筋断裂

图3 高压套管瓷套偏心移位

图4 分接开关油室上盖板防爆膜破裂

图5 低压侧 a、y 端绝缘护套脱落

4.3 吊罩检查

主变压器吊罩检查发现低压侧引线 a、b 端子间铜排有短路放电烧损痕迹,下方压板等处遗留了铜排放电产生的铜屑。对铁心和绕组外观进行了全面检查,使用内窥镜对内绕组进行了内窥检查，未发现绕组变形、位移、匝间短路、绝缘破损等现象，且高、中压各分接引线绝缘良好，铁心对夹件绝缘良好，基本确定了低压侧引线 a、b 相间短路为唯一故障点；同时发现中压套管升高座内二次绕组有移位现象，如图7、图8、图9所示。

图 6　低压侧 a 端与 y 端铜排受力变形

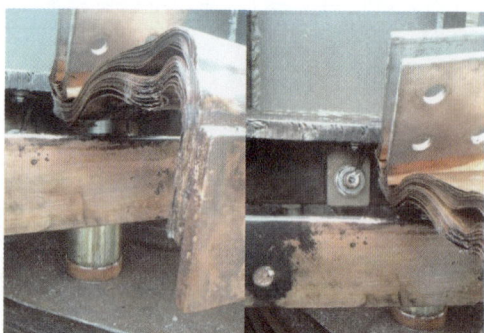

图 7　低压侧 a 端与 b 端铜排引线间短路

图 8　a 端子软连接铜排多层烧损

图 9　中压套管升高座内二次绕组有位移

4.4　故障原因及处理

根据试验及吊罩检查结果，可以确定本次故障原因为：主变压器内部低压引线 a 端和 b 端之间短路。故障点处于差动范围内，差动保护正确动作。短路形成的电弧释放出巨大的能量，导致主变压器本体油压剧增，两侧压力释放阀动作，重瓦斯动作，部分油箱加强筋受力后断裂。高、中压套管受力后压缩内部弹簧造成外瓷套移位，套管升高座内二次绕组受力后也出现移位。有载分接开关油室环氧树脂筒受到本体油的挤压后，压力增大，导致上盖板防爆膜破裂。a 端与 b 端短路后的故障电流在 a 端与 y 端连接铜排构成的回路中流通，在电动力作用下，母线桥上 a 相两根铜排变形，低压侧 a、b 端引线短路故障位置如图10所示。

对套管偏心的瓷套进行矫正，更换低压引线与套管软连接铜排和分接开关油室上的

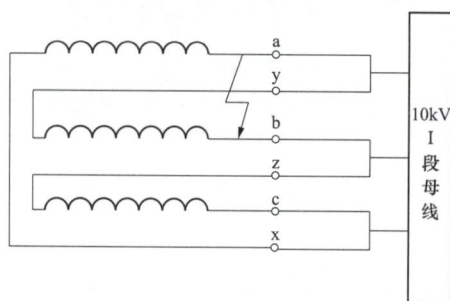

图 10　低压侧 a、b 端引线短路故障位置

盖板，清理附着在压板、引线和外侧围屏等处的铜渣，调整升高座内二次绕组的位置，对变压器油进行处理。各项交接试验合格以后，变压器投入运行。

5 监督意见及要求

（1）当高压和中压线路故障时，变压器三角形绕组受零序电流的影响，可能会产生较大的电动力，导致引线绝缘距离发生改变，由于绝缘距离不足从而形成放电。因此，对主变压器开展吊罩检修时，应检查低压引线绝缘状况。低压引线不宜裸露，应包裹绝缘材料。

（2）三角形绕组，首尾连接端子都引出时，应在套管出口处短接后再连接母线排，以避免因变压器内部低压引线短路时，短路电流在母线排流通产生巨大的电动力，使受损范围扩大。

报送人员：彭平。
报送单位：国网湖南电科院。

220kV 变压器冷却器制造时的残留杂质进入本体导致铁心多点接地

监督专业：化学　　　　　　　监督手段：例行试验
发现环节：运维检修　　　　　问题来源：设备制造

1　监督依据

Q/GDW 1168—2013《输变电设备状态检修试验规程》

2　违反条款

Q/GDW 1168—2013《输变电设备状态检修试验规程》第 5.1.1.1 条规定：乙炔≤1μL/L（330kV 及以上）、≤5μL/L（其他）（注意值）；氢气≤150μL/L（注意值）；总烃≤150μL/L（注意值）。

3　案例简介

2009 年 7 月，试验人员对某 220kV 变电站 2 号主变压器进行油色谱试验发现总烃严重超标，氢气和乙炔均有大幅度的增加。经证实，故障原因是一周前变压器一组冷却器故障停运，投入了备用冷却器，备用冷却器中残留的金属屑和杂质进入变压器本体导致了铁心多点接地。2009 年通过制作接地电阻箱进行了处理，2010 年该变压器进行了更换退役处理。

该变压器型号为 OSFPS7－150000/220，1993 年 1 月出厂，1993 年 6 月投运。

4　案例分析

4.1　现场检查

2009 年 7 月，试验人员对某 220kV 变电站 2 号主变压器进行油色谱试验，发现总烃严重超标，总烃达到 946μL/L，氢气和乙炔均有大幅度的增加。该变电站 2 号主变压器于 2008 年 10 月进行了吊罩大修，大修内容是冷却系统改造、储油柜和气体继电器更换。发生故障时变压器负荷在 77% 左右，油温在 47℃ 左右，具体色谱数据如表 1 所示。

表 1　　　　　　　　　　　主变压器油中溶解气体　　　　　　　　　　　（μL/L）

设备名称	取样日期	氢气	甲烷	乙烷	乙烯	乙炔	一氧化碳	二氧化碳	氧气	总烃
2 号主变压器	2009－06－08	17	22.4	6.0	25.8	0.8	523	4953	0	55.0
2 号主变压器	2009－07－08	121	300.4	101.2	541.4	3.8	324	3479	0	946.8

4.2　进一步分析检查

通过对色谱数据的初步分析，判断变压器内部存在较高温度的过热，怀疑磁路存在问题，因此安排班组进行取样复测并测量铁心接地电流。复测结果如表 2 所示。

表 2　　　　　　　　　　主变压器油中溶解气体复测　　　　　　　　　　(μL/L)

设备名称	取样日期	氢气	甲烷	乙烷	乙烯	乙炔	一氧化碳	二氧化碳	氧气	总烃
2 号主变压器	2009-07-08	198	447.2	143.8	776.1	5.3	482	5040	0	1372.5

检查发现该变电站 2 号主变压器铁心接地电流为 21.3A，严重超出注意值 0.1A，说明变压器可能铁心存在多点接地故障。而对该台主变压器进行的红外热成像测试未发现异常。

次日对该台主变压器进行停电电气试验，其中频响法绕组变形、低电压空载短路、绕组直流电阻、绕组电容量和介质损耗、绕组绝缘电阻等试验均正常，但在铁心绝缘电阻测试时，发现出现一次放电现象之后，绝缘电阻值稳定，阻值在 4000～5000MΩ 之间。

4.3　原因分析

考虑该变电站 2 号主变压器以前出现过铁心多点接地，可能铁心绝缘存在薄弱点，运行中杂质聚集导致接地。2009 年 6 月 30 日运行工区报 2 号主变压器 2 号冷却器故障，运行人员将 4 号备用冷却器投入运行，认为可能是备用冷却器中残留的金属屑和杂质进入本体导致了铁心多点接地。

4.4　缺陷处理

2009 年 7 月 9 日上午，变压器投入运行，测量铁心接地电流为 21.6A，铁心多点接地故障未消除。立刻采取了铁心接地引下线串接电阻以限制环流的措施。利用现有条件，将 4 只 50Ω 电阻串联与一只 200Ω 电阻并联构成一组 100Ω 电阻，串入铁心接地回路，如图 1 所示。串入后测量铁心接地电流为 200mA 左右，铁心电压小于 30V，基本满足变压器安全运行要求。

后来又制作了一个专用限流电流箱，替换了原临时限流装置。并联有切换隔离开关和限制过电压装置，如图 2 所示。接地电阻箱由 2 组电阻串联而成，总电阻 190Ω，电阻箱内设置了放电间隙和避雷器，同时设置了隔离开关用于铁心直接接地。接地电阻箱安装后，铁心接地电流限制在 100mA 左右，色谱跟踪结果数据稳定。

图 1　铁心多点接地故障消除临时措施

考虑到变压器老旧且缺陷频发，2010 年对该变压器进行了更换。

5　监督意见及要求

（1）变压器检修维护过程中残留的焊接物、金属碎屑等随绝缘油循环进入本体并沉降后，可能聚集在铁心绝缘薄弱点，从而导致铁心多点接地故障。因此检修过程尽可能避免遗留金属残留物，同时建议变压器在大修投运后，开启所有冷却器运行一定时间并监测色谱变化，以便及早发现缺陷并阻止缺陷发展。

（2）针对已发现存在铁心绝缘薄弱点的变压器，可加装专用的限流电阻箱以限制由多点接地引起的铁心接地电流。同时，其还应具备限制过电压的功能。

报送人员：徐俊、朱叶叶。
报送单位：国网江苏苏州供电公司。

图 2　专用限流电阻箱

220kV 变压器绕组导线断股导致油中溶解气体异常

| 监督专业：化学 | 监督手段：例行试验 |
| 发现环节：运维检修 | 问题来源：设备制造 |

1 监督依据

Q/GDW 1168—2013《输变电设备状态检修试验规程》

2 违反条款

Q/GDW 1168—2013《输变电设备状态检修试验规程》第 5.1.1.1 条规定：乙炔 ≤1μL/L（330kV 及以上）、≤5μL/L（其他）（注意值）；氢气≤150μL/L（注意值）；总烃≤150μL/L（注意值）。

3 案例简介

2014 年 2 月，某 220kV 变电站的 3 号主变压器在色谱周期试验时发现本体总烃超标，三比值法编码为 022，分析为不涉及固体绝缘的裸金属过热，故障点温度超 700℃。经返厂解体排查认定，该故障是由于绕组至套管的穿缆导线断股并长期发热，而导致绝缘劣化破损并与套管铜管相接触。铜管通过部分负荷电流，使接触点出现高温，产生故障气体。变压器返厂修理后恢复正常运行。

该变压器型号为 SFPSZ7－120000/220，2003 年 1 月出厂，2003 年 7 月投运。

4 案例分析

4.1 现场检查

2014 年 2 月，某 220kV 变电站 3 号主变压器在色谱检测时发现本体总烃超标，三比值法编码为 022，分析为不涉及固体绝缘的裸金属过热，故障点温度超 700℃。停电试验未发现明显缺陷，色谱跟踪试验有逐渐增长趋势（3 天一次色谱跟踪，无乙炔），次日 15 时，本体轻瓦斯继电器动作。对变压器本体绝缘油及集气盒放气取样，进行色谱分析，发现样品中有乙炔。当天晚上 7 时，进行红外成像结果如图 1 所示，110kV 侧 C 相套管上部约 31℃，下部约 37℃，上下有温差约 6℃，且有明显的温度分界线，套管桩头温升值不大，约 48℃。

4.2 解体检查

停电后，对 110kV 侧 C 相套管取油样，当拧开上部注油螺丝孔时，发现有较强压力的气体冲出，同时发现该套管为假油位（油位浮球粘在玻璃管正中间，远距离观测很难发现异常）。对套管油样进行分析，发现含大量故障气体。测量该套管介质损耗、电容量、绕组直流电阻，发现介质损耗增大到 1.25%，电容量由 222pF 增大到 232pF。110kV 绕组直流电阻，三相绕组间互差约 2.5%（历史值小于 1%），C 相直流电阻值与历史值比较明显增大。当即对该套管吊出检查，发现下部穿缆导线（对应于套管铜管下部）有约 30cm 的铜线已露出，所包白布带碳化后掉于绕组表面，裸露处铜缆又断了 4 股，如图 2 所示。断股处对应的套管铜管部位内壁发黑。

图 1　套管缺油红外成像图　　　　图 2　绕组引出线端部及导线根部断股

4.3　原因分析

穿缆导线内部有断股，运行中长期发热，其绝缘逐步劣化破损，于是引起导线与套管铜管相接触，铜管通过部分负荷电流，在接触部位产生高温和故障气体。故障气体一部分向铜管顶部聚集，不断增加的气体产生的压力将本体油挤到套管铜管外，聚集于套管升高座；另一部分溶于本体油中，使油色谱分析异常。

4.4　缺陷处理

对该变压器进行返厂处理，更换穿缆导线后进行了交接试验，试验结果合格，变压器恢复正常运行。

5　监督意见及要求

（1）加强变压器红外精确测温工作，并与油色谱、专业巡视等方法相结合，有助于尽快发现和消除缺陷，防止故障发生。

（2）加强变压器驻厂监督工作，严把生产工艺和材料检测关，杜绝因潜伏性缺陷而导致变压器运行中发生故障。

报送人员：徐俊、朱叶叶。
报送单位：国网江苏苏州供电公司。

220kV 变压器铁心绝缘受潮导致
绕组介质损耗偏大

监督专业：电气设备性能　　　监督手段：竣工验收
发现环节：竣工验收　　　　　问题来源：设备制造

1 监督依据

Q/GDW 1168—2013《输变电设备状态检修试验规程》

2 违反条款

Q/GDW 1168—2013《输变电设备状态检修试验规程》第5.1.1.1条规定：绕组绝缘介质损耗因数（20℃），330kV及以上：≤0.005（注意值）；2.110（66）kV～220kV：≤0.008（注意值）；3.35kV及以下：≤0.015（注意值）。

3 案例简介

2015年1月，某220kV变电站型号为OSFSZ10-240000/220的1号主变压器在验收过程中发现低压绕组介质损耗超标。经解体排查认定，低压绕组介质损耗偏大是由于低压绕组同铁心间绝缘纸板受潮引起的。返厂修理，更换该纸板后恢复正常。

4 案例分析

4.1 现场检查

2015年1月该变电站进行现场验收，验收中发现低压绕组介质损耗值超标。介质损耗值换算至常温（20℃）后，其中低压绕组对高、中压绕组及地（简称L—H、M、E）介质损耗为0.817%，高压绕组对中、低压绕组及地（简称H—M、L、E）介质损耗为0.785%，试验结果不合格。

4.2 进一步检查分析

验收人员要求安装单位进行绕组介质损耗因数现场复测，复测结果与交接试验报告中介质损耗值基本相同。初步怀疑低压绕组受潮，现场通过热油循环处理，并在冷却至常温下（20℃）再次进行低压绕组介质损耗因数的测试，测试结果如表1所示，低压绕组介质损耗因数仍然偏大。

表 1 绕组介质损耗复测结果

被试绕组	状态	试验电压	tanδ（%）	C_x（nF）
L—H、M、E	铁心、夹件均接地	10kV	0.698	19.27

由于现场温度较低，热油循环油温最高温度只能达到 40℃ 左右，而通过热油循环方法进行主变压器干燥处理的理想油温应为 70℃ 左右，因此现场无法达到最佳干燥效果。主变压器返厂处理。

2015 年 1 月 23 日返厂，主变压器放油后，拆除所有套管进行低压绕组整体介质损耗试验及单相介质损耗试验，结果如表 2 所示。

表 2 返厂拆除套管后低压绕组介质损耗试验结果

被试绕组	试验电压	tanδ（%，9℃）	tanδ（%，20℃）	C_x（nF）
L—H、M、E（三相）	5kV	0.580	0.774	11.22
ax 对 H、M、by、cz、E	5kV	0.392	0.523	4.058
by 对 H、M、ax、cz、E	5kV	0.350	0.467	3.813
cz 对 H、M、ax、by、E	5kV	0.364	0.486	3.774

改变铁心、夹件的接地状态后介质损耗测试结果如表 3 所示。绝缘电阻无异常，铁心接地情况下低压绕组介质损耗测试值（20℃）均超过标准值 0.5%［技术协议规定：每一绕组对地及绕组之间的 tanδ 不超过 0.5%（20℃），同时提供电容量实测值］，可初步判断低压绕组介质损耗超标与铁心存在关联性。

表 3 改变铁心接地状态后绕组介质损耗测试结果

被试绕组	状态	试验电压	tanδ（%，9℃）	tanδ（%，20℃）	C_x（nF）
L—H、M、E	铁心不接地、夹件接地	5kV	0.291	0.388	10.66
L—H、M、E	铁心接地、夹件不接地	5kV	0.768	1.025	11.18
L—H、M、E	铁心不接地、夹件不接地	5kV	0.317	0.423	9.406
L—H、M、E	铁心接地、夹件接地	5kV	0.576	0.769	11.24

4.3 原因分析

根据返厂拆除套管后绕组整体及单相测试结果以及解体查看，认定造成低压绕组介质损耗数值偏大的原因为低压绕组同铁心之间绝缘纸受潮或干燥不彻底。

4.4 缺陷处理

变压器返厂前，通过多次热油循环及主变压器换油处理后，绝缘纸板局部受潮现象有所缓解，但低压绕组介质损耗数值偏大的问题仍然未得到彻底解决，最后通过返厂解体大修解决。

5 监督意见及要求

（1）技术协议所使用的标准如与卖方所执行的标准不一致时，按要求较高的标准执行。

（2）变压器在制造过程中，如果绝缘件干燥不彻底，水分遗留在变压器内部，造成介质损耗超标、绝缘能力下降。一旦水分使绕组绝缘受潮，有可能引起变压器内部故障。所以应加强对变压器制造厂标准工艺执行情况的监督。

报送人员：徐俊、朱叶叶。
报送单位：国网江苏苏州供电公司。

220kV 变压器铁心夹件绝缘设计不合理导致主变压器油中溶解气体含量异常

| 监督专业：化学 | 监督手段：例行试验 |
| 发现环节：运维检修 | 问题来源：设备设计 |

1 监督依据

Q/GDW 1168—2013《输变电设备状态检修试验规程》

2 违反条款

Q/GDW 1168—2013《输变电设备状态检修试验规程》第 5.1.1.1 条规定：乙炔 ≤1μL/L（330kV 及以上）、≤5μL/L（其他）（注意值）；氢气≤150μL/L（注意值）；总烃≤150μL/L（注意值）。

3 案例简介

2008 年 7 月，试验人员在对某 220kV 变电站 2 号主变压器进行色谱试验时，发现主变油中总烃含量发生突变，出现明显增长。经解体检查发现是由于铁心下夹件之间的等电位连接线受损、过热引起的。由于此类异常已非首次出现在该厂同批次主变压器上，经过分析，认为该批次主变压器存在设计缺陷，铁心夹件与铁心窗口外的拉螺杆之间的绝缘为非绝缘结构，等电位线和拉螺杆回路会有环流通过，在负荷较高时将引起等电位线过热烧断。

该主变压器，型号为 OSFSZ9-180000/220，2003 年 4 月出厂，2003 年 9 月投运。

4 案例分析

4.1 现场检查

2008 年 7 月，试验人员在对某 220kV 变电站 2 号主变压器进行色谱试验时，发现主变油中总烃含量发生突变，出现明显增长，主变压器油中溶解气体追踪数据如表 1 所示。

表 1　　　　　　　　　　　主变压器油中溶解气体追踪

取样日期	氢气 (μL/L)	甲烷 (μL/L)	乙烷 (μL/L)	乙烯 (μL/L)	乙炔 (μL/L)	一氧化碳 (μL/L)	二氧化碳 (μL/L)	总烃 (μL/L)	负荷 (MW)	三比值结论
2008-7-16	23	9.6	1.4	0.9	0	226	533	11.9	144.9	

取样日期	氢气 ($\mu L/L$)	甲烷 ($\mu L/L$)	乙烷 ($\mu L/L$)	乙烯 ($\mu L/L$)	乙炔 ($\mu L/L$)	一氧化碳 ($\mu L/L$)	二氧化碳 ($\mu L/L$)	总烃 ($\mu L/L$)	负荷 (MW)	三比值结论
2008 - 7 - 22 上午	73	137.5	39.8	95.3	0	200	470	272.6	133.3	编码：021 300～700℃中等温度范围的热故障
2008 - 7 - 22 下午	87	147.7	41.8	101.1	0	167	329	290.5	133.3	编码：021 300～700℃中等温度范围的热故障
2008 - 7 - 23	98	164.5	48.3	114.4	0.1	184	427	327.4	134	编码：021 300～700℃中等温度范围的热故障

2008 年 7 月 22 日，当即进行 2 号主变压器铁心接地电流测量，测量结果正常。

4.2 解体检查

对 2 号主变压器放油后，试验人员进入变压器箱体内检查铁心下夹件等电位连线。经拆除等电位连线后，发现连线冷压接头部位发黑；解剖外绝缘，发现整根等电位连线已发黑，内层绝缘纸也已完全发黑，如图 1～图 4 所示。变压器其他部位检查无异常。

图 1 箱体内等电位连线位置

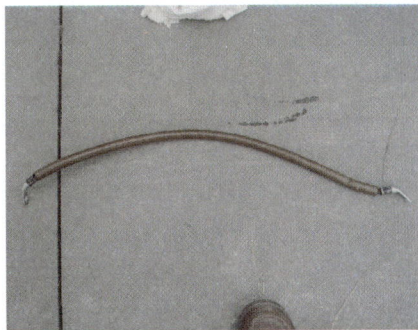

图 2 拆除后的等电位连线

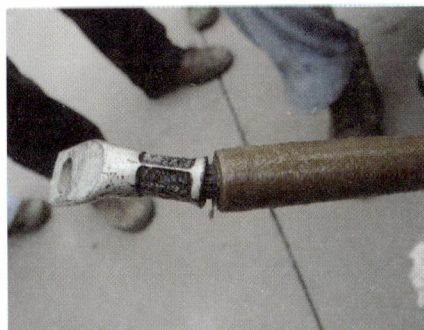

图 3 冷压接头部位发黑

图 4 等电位连线及内层绝缘纸已过热发黑

4.3 原因分析

（1）从色谱数据分析，2008 年 7 月 16～22 日总烃突然从 $11.9\mu L/L$ 增至 $290.5\mu L/L$，主要成分为甲烷、乙烯、乙烷，无乙炔，三比值编码为 021，结论为变压器内部存在 $300\sim700℃$ 中等温度范围的热故障。主变压器此前负荷一直维持在 $70\%\sim80\%$。2008 年 7 月 23 日总烃含量较 22 日又增长 $27\mu L/L$，总烃增长速率较快。

（2）从上述缺陷情况来看，与另一起该厂生产的同型号 220kV 主变压器故障现象类似。2007 年 6 月，在进行该厂一台 220kV 变压器色谱试验时发现，总烃较由 2007 年 4 月的 $14.9\mu L/L$，突然增长到 $529.9\mu L/L$（无乙炔）。后经一天一次色谱跟踪至 2007 年 7 月 4 日，总烃增长至 $914\mu L/L$。后进入箱体检查，发现主变压器铁心下夹件等电位连线因漏磁原因形成电流回路，连线已烧断。

（3）综合设备解体分析以及同厂设备曾经发生的故障，认为该厂 2003 年前后生产的同型号变压器存在铁心夹件绝缘设计缺陷。由于铁心夹件与铁心窗口外的拉螺杆之间的绝缘为非绝缘结构，等电位线和拉螺杆回路会有环流通过。其等电位线质量存在问题或导线的截面积偏小，在负荷较高时将引起等电位线过热烧断。

4.4 缺陷处理

变压器进行返厂修理，对铁心下夹件间的等电位连接线进行更换，连接线的截面积由 $35mm^2$ 增加到 $95mm^2$，连接线的电流密度控制在 $3A/mm^2$ 左右，缺陷得到根本治理。

5 监督意见及要求

（1）全面排查同厂同型变压器，重点监视本体油色谱数据，对怀疑存在同样隐患的变压器缩短色谱检测周期，适时进行检修处理。

（2）在签订设备技术协议时，针对变压器、高压电抗器或电流互感器的铁心夹件绝缘结构，应明确结构型式和工艺要求。制造厂对等电位连接线的电流密度应合理选择，并确保其有足够的绝缘裕度。

报送人员：徐俊、朱叶叶。
报送单位：国网江苏苏州供电公司。

第 3 章

110kV 变压器技术监督
典型案例

110kV变压器铁心引出线与上夹件固定螺栓绝缘损坏导致铁心多点接地

监督专业：电气设备性能	监督手段：例行试验
发现环节：运维检修	问题来源：设备制造

1 监督依据

Q/GDW 1168—2013《输变电设备状态检修试验规程》

2 违反条款

（1）Q/GDW 1168—2013《输变电设备状态检修试验规程》第5.1.1.1条规定：铁心绝缘电阻≥100MΩ（新投运1000MΩ）（注意值）。

（2）Q/GDW 1168—2013《输变电设备状态检修试验规程》第5.1.1.7条规定（铁心绝缘电阻）：绝缘电阻测量采用2500V（老旧变压器1000V）绝缘电阻表。除注意绝缘电阻的大小外，要特别注意绝缘电阻的变化趋势。夹件引出接地的，应分别测量铁心对夹件及夹件对地绝缘电阻。

3 案例简介

2014年10月，试验人员对某110kV变电站1号主变压器进行例行试验，发现铁心对地绝缘电阻为零，其余试验项目均合格，怀疑该主变压器内部铁心多点接地。吊罩检查发现铁心引出线与上夹件固定螺栓处绝缘破损，铁心通过夹件内部接地，从而导致铁心在运行中有两点接地。对该部位进行处理后，铁心恢复单点接地，铁心对地绝缘电阻恢复正常。

4 案例分析

4.1 现场检查

试验人员在对某110kV变电站1号主变压器进行例行试验时，发现铁心对地绝缘电阻为0Ω，其余试验项目结果均正常，查阅出厂及交接试验报告均无异常。随后，试验人员检查铁心接地引下线，未发现异常，根据现场检查结果初步分析该变压器铁心内部存在多点接地故障。

4.2 吊罩检查

该变压器内部铁心接地结构示意图如图1所示。铁心与上、下夹件以及变压器外壳均绝缘，其上端通过一段裸露的铜排（a、b之间）经固定螺栓连接至上夹件专用固定孔（b点），并通过专用的接地线在变压器上端引出接地。铁心接地所用铜排、固定螺栓以及专用接地线均与上夹件完全绝缘，以确保铁心有且仅有一点可靠接地。上夹件通过金属侧压板（c、d之间）与下夹件连接导通，下夹件底部通过固定螺栓与变压器下节油箱短接（e点），实现夹件单点接地。

将该变压器吊罩后，发现铁心引出线与上夹件固定螺栓处绝缘破损，存在疑似短路现象，如图2所示。上、下夹件之间以及下夹件接地固定螺栓均可靠连接，如图3所示。

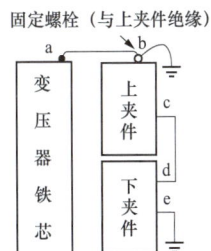

图1　变压器内部铁心及夹件接地结构示意图

图2　铁心引出线固定螺栓处绝缘破损

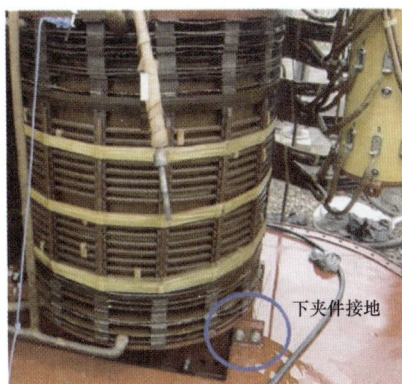

图3　下夹件可靠接地

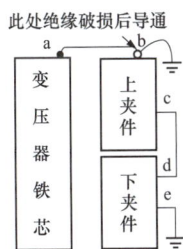

图4　铁心多点接地示意图

如图4所示，解开铁心引出线（a点），直接在铁心上端（未通过铜排及固定螺栓）测量绝缘电阻值为4000MΩ，数据合格。解开上、下夹件连接排（c、d点），测量上夹件绝缘电阻时，发现上夹件直接接地，将铁心引出线与上夹件固定螺栓（b点）拆除，再次测量上夹件绝缘电阻值为3000MΩ。综上分析，铁心引出线固定螺栓与上夹件之间（b点）绝缘损坏，导致固定螺栓与上夹件导通，从而造成铁心内部通过夹件接地（b-c-d-e-地）。

4.3　故障处理

针对该变压器铁心多点接地故障，应修复并加强铁心与夹件之间绝缘，以确保有且仅有一点可靠接地，具体处理方法如下：

（1）用绝缘纸包裹固定螺栓的螺杆部分，加强固定螺栓与上夹件专用固定孔之间的绝缘，防止因绝缘不良造成螺栓与上夹件短接。

（2）用绝缘纸包裹铁心接地铜排，加强铜排与上夹件之间的绝缘，防止变压器在运行过程中，铜排受油流冲力作用搭接至上夹件，造成铁心多点接地。

（3）在有载调压开关端圈下侧与上夹件间加垫绝缘纸板，防止夹件与有载调压开关端圈短接，造成夹件多点接地。

处理后再次测量铁心对地、夹件对地以及铁心与夹件之间的绝缘电阻值，试验数据均合格。

5 监督意见及要求

（1）在设计与制造阶段，优化铁心、夹件接地方式，提升内部部件绝缘水平，防止出现类似因绝缘损坏导致多点接地的故障。

（2）加强设备日常运行维护，进行铁心、夹件绝缘电阻及铁心接地电流的测量，及早发现和处理设备隐患。

报送人员：方毅平、刘偿、董卓、汪一雄。

报送单位：国网湖南检修公司。

110kV 变压器高压套管导电杆定位
螺母松动导致将军帽发热

监督专业：电气设备性能	监督手段：带电检测
发现环节：运维检修	问题来源：设备制造

1 监督依据

DL/T 664—2008《带电设备红外诊断应用规范》

Q/GDW 1168—2013《输变电设备状态检修试验规程》

2 违反条款

（1）DL/T 664—2008《带电设备红外诊断应用规范》附录 A 规定：对于套管柱头以顶部柱头为最热的电流致热型缺陷，诊断判据分为三种：温差不超过 10K，未达到严重缺陷的要求为一般缺陷，热点温度＞55℃或 $\delta \geqslant 80\%$ 为严重缺陷，热点温度＞80℃或 $\delta \geqslant 95\%$ 为危急缺陷。

（2）Q/GDW 1168—2013《输变电设备状态检修试验规程》第 5.1.1.1 条规定：1.6MVA 以上变压器，各相绕组电阻相间的差别不应大于三相平均值的 2%（警示值），无中性点引出的绕组，线间差别不应大于三相平均值的 1%（注意值）；1.6MVA 及以下的变压器相间差别一般不大于三相平均值的 4%（警示值），线间差别一般不大于三相平均值的 2%（注意值）；同相初值差不超过±2%（警示值）。

（3）Q/GDW 1168—2013《输变电设备状态检修试验规程》第 5.7.1.3 条规定：检测套管本体、引线接头等，红外热像图显示应无异常温升、温差和/或相对温差。

3 案例简介

2015 年 6 月，试验人员对某 110kV 变电站红外测温时，发现 2 号主变压器 B、C 相高压套管顶部柱头发热，最高热点温度为 72.6℃，为严重缺陷。在跟踪检测过程中，其最高热点温度上升至 105℃，发展为危急缺陷。经停电诊断试验，发现三相绕组直流电阻不平衡率超标，将军帽接触电阻偏差过大。打开将军帽检查发现，导致套管顶部发热的根本原因是套管导电杆定位螺母未紧固到位。缺陷处理并试验合格后，变压器恢复正常运行。

4 案例分析

4.1 图谱分析

2015 年 6 月 23 日，试验人员发现该变电站 2 号主变压器红外测温图谱异常，如图

1 所示。其热点温度分别为 A 相 42℃，B 相 72.6℃，C 相 70℃，异常发热部位为 B、C 相套管的将军帽位置，根据规程判断为严重缺陷。之后，每隔三天于傍晚用电负荷高峰期对该缺陷进行跟踪检测。2015 年 6 月 29 日 21 时，因气温、负荷急剧上升，A 相热点温度达到 55℃，B 相达到 105℃，C 相达到 93℃，可见 B、C 相已发展为危急缺陷。从红外测温图谱可以看出，B、C 相均呈现出以柱头部位温度最高的特征，初步分析发热原因主要为导电杆与将军帽内部接触不良。

图 1   红外测温图谱

4.2   现场处理情况

2015 年 8 月 2 日，对该主变压器高压套管进行停电检查和处理。试验人员在处理前对该变压器进行了高压绕组直流电阻测试，试验结果如表 1 所示。

表 1   处理前高压绕组直流电阻测试结果   （mΩ）

试验项目	A	B	C	偏差（%）
带将军帽绕组直流电阻	685.9	701.2	718.3	4.72
不带将军帽绕组直流电阻	670.2	671.1	670.8	0.13
将军帽内部接触电阻	15.7	30.1	47.5	202.55
备 注	环境温度：39℃；上层油温：32℃；相对湿度：50%			

由上表可知，带将军帽测量高压三相绕组直流电阻，数据偏差为 4.72%，超过规程要求；不带将军帽测量，结果正常。可见 B、C 相将军帽内部接触电阻明显大于 A 相，证实发热原因确实是由 B、C 相将军帽接触不良引起的。

检修人员将套管将军帽打开，发现导电杆定位螺母松动，未紧固到位，如图 2 所示。可能是由于出厂安装工艺不规范、设备振动或检修时恢复不到位等原因所致。对 B、C 相高压套管将军帽进行打磨，涂抹导电脂并紧固后，将军帽恢复到运行状态。

处理完毕后，再次进行高压绕组直流电阻测试，试验结果如表 2 所示。

图2 导电杆定位螺母紧固图

表2 处理后高压绕组直流电阻测试结果 （mΩ）

试验项目	A	B	C	偏差（%）
带将军帽绕组直流电阻	685.9	685	684	0.28
不带将军帽绕组直流电阻	670.2	671.1	670.8	0.13
将军帽内部接触电阻	15.7	13.9	13.2	18.94
备 注	环境温度：36℃，上层油温：31℃，相对湿度：51%			

由上表数据可知，B、C相将军帽接触电阻明显降低，与A相基本接近，带将军帽测量绕组直流电阻三相偏差0.28%，满足规程要求。该主变压器投运后，对原套管发热部位进行红外测温，检测结果为：A相40℃，B相37℃，C相38℃，三相套管温度正常，表明发热缺陷已消除。

5 监督意见及要求

（1）积极开展变压器套管红外精确测温，重点检查套管本体油位是否异常，检查出线线夹、抱箍线夹、套管柱头、将军帽、末屏等部位是否有异常发热，对于存在发热异常的套管应根据缺陷特征和性质制定相应的检修决策。

（2）对于套管顶部的发热缺陷，应仔细分析红外测温图谱，初步确定发热部位是套管内部还是套管外部；同时结合直流电阻测量、套管油色谱分析等试验进一步分析发热原因，再根据发热部位及发热原因采取相应的检修策略。

报送人员：戴安、张科、曹杰。
报送单位：国网湖南长沙供电公司。

110kV 变压器近区短路导致绕组严重变形及损坏

| 监督专业：电气设备性能 | 监督手段：诊断试验 |
| 发现环节：运维检修 | 问题来源：设备设计 |

1 监督依据

DL/T 911—2016《电力变压器绕组变形的频率响应分析法》

Q/GDW 1168—2013《输变电设备状态检修试验规程》

2 违反条款

(1) DL/T 911—2016《电力变压器绕组变形的频率响应分析法》附录 C 中表 C.1 规定：严重变形（$R_{LF}<0.6$）；明显变形（$1.0>R_{LF}\geqslant0.6$ 或 $R_{MF}<0.6$）；轻度变形（$2.0>R_{LF}\geqslant1.0$ 或 $0.6\leqslant R_{MF}<1.0$）；正常绕组（$R_{LF}\geqslant2.0$ 和 $R_{MF}\geqslant1.0$ 和 $R_{HF}\geqslant0.6$）。

(2) Q/GDW 1168—2013《输变电设备状态检修试验规程》第 5.1.1.1 条规定：油中溶解气体分析，330kV 及以上变压器油中乙炔含量小于等于 $1\mu L/L$，其他电压等级变压器油中乙炔含量小于等于 $5\mu L/L$；变压器油中氢气含量小于等于 $150\mu L/L$；变压器油中总烃含量小于等于 $150\mu L/L$。

(3) Q/GDW 1168—2013《输变电设备状态检修试验规程》第 5.1.1.1 条规定：1.6MVA 以上变压器各相绕组的直流电阻，相互间差别不应大于三相平均值的 2%；无中性点引出时的线间差别不应大于三相平均值的 1%。1.6MVA 及以下变压器各相绕组的直流电阻，相互间差别不应大于三相平均值的 4%，线间差别不应大于三相平均值的 2%。测得值与历史相同部位测得值比较，其变化不应大于 2%。

(4) Q/GDW 1168—2013《输变电设备状态检修试验规程》第 5.1.2.5 条规定：绕组频响曲线的各个波峰、波谷点所对应的幅值及频率应基本一致。

3 案例简介

某 110kV 变电站 2 号主变压器在运行中多次检测遭受近区短路冲击，2010 年 3 月，再次遭受短路冲击跳闸。本体油色谱分析发现多项检测结果严重超标。对其进行停电诊断性试验，发现低压绕组直流电阻三相不平衡率严重超标。低压绕组频率响应法变形试验结果异常，初步推断其低压绕组内部存在故障。经吊罩检查和返厂解体检修，发现低压绕组 b、c 相严重变形，b 相绕组端部出现贯穿性烧断，6 股漆包线烧断。返厂更换低压绕组后，各项试验结果正常，然后变压器投入正常运行。

该主变压器型号为 SFZ8-31500/110，1993 年 5 月出厂，1994 年 6 月投运。

4 案例分析

4.1 试验分析

2010 年 3 月 6 日，某 110kV 变电站 2 号主变压器保护装置发轻瓦斯、压力释放动作信号，且本体轻瓦斯不能复归。试验人员对其进行本体油色谱分析时，发现氢气、乙炔、总烃含量严重超标，较历次检测结果明显增长，三比值法分析呈现为电弧放电特征，如表 1 所示。

进行停电诊断性试验，发现低压绕组 ab、bc、ca 直流电阻分别为 13.60、11.62、11.67mΩ，折算成 a、b、c 相的直流电阻分别为 16.55、23.14、16.42mΩ，三相不平衡率达到 40.9%，严重超标。进行绕组变形试验时，其高压绕组无明显变形现象，但低压绕组与上次试验数据相比发生明显变化，全频段三相绕组频响波形一致性较差，相关系数明显下降，可能存在变形，如表 2 所示。绕组及铁心绝缘电阻、绕组直流泄漏、变比试验等数据均合格。

根据诊断性试验结果，初步判断低压绕组可能存在匝间短路故障。

表 1   变压器油色谱分析数据   （μL/L）

时间	氢气	一氧化碳	二氧化碳	甲烷	乙烷	乙烯	乙炔	总烃
2009 年 09 月 14 日	18.8	491.46	1145.97	20.09	6.61	16.6	3.09	46.49
2009 年 11 月 15 日	19.5	486.57	1432.42	33.94	1.97	8.99	3.19	48.09
2010 年 01 月 20 日	23.26	494.5	1531.42	21.98	6.03	19.30	3.52	50.83
2010 年 03 月 06 日	1588.75	511.84	9128.35	190.32	20.05	203.70	824.19	1238.26

表 2   低压绕组频率响应法绕组变形测量结果

文件	测量时间	名称	编号	Tap	型号
LALB01	2015 年 5 月 13 日 10 时 36 分	兴泰	01	01	SFZ8 - 31500/110
LBLC01	2015 年 5 月 13 日 10 时 39 分	兴泰	01	01	SFZ8 - 31500/110
LCLA01	2015 年 5 月 13 日 10 时 42 分	兴泰	01	01	SFZ8 - 31500/110

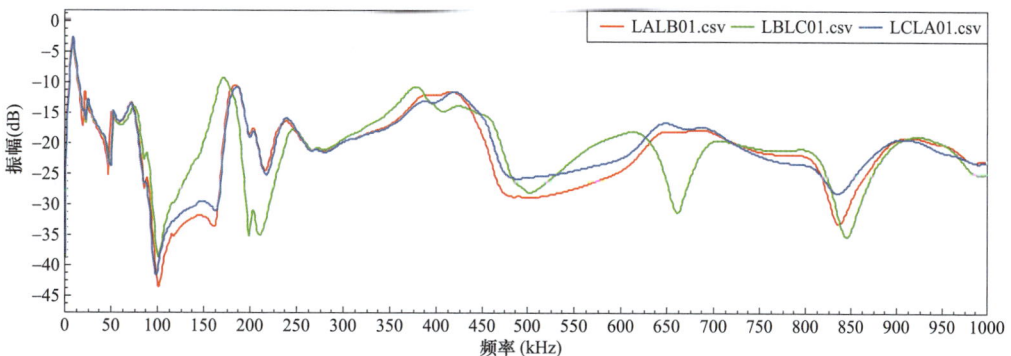

相关频段（kHz）	相关系数 R12	相关系数 R13	相关系数 R23
低频 LF［1，100］	1.31	1.61	1.50
中频 MF［100，600］	0.46	1.82	0.47
高频 HF［600，1000］	0.39	1.07	0.22
全频 AF［1，1000］	0.48	1.48	0.48

4.2　吊罩检查

检修人员对该主变压器进行吊罩检查，发现其低压绕组 b 相首端引线外层包扎带有黑色斑迹，端部压板已被冲开并且崩裂，压钉完全破损；c 相绕组顶部压板已严重变形且局部破裂，如图 1 所示。高压绕组外观良好。

（a）　　　　　　　　　　　　　（b）

图 1　吊罩检查情况
（a）低压绕组 b 相引线和压板；（b）低压绕组 c 相压板

4.3　返厂解体

为全面检查该主变压器绕组受损情况，对该主变压器进行了返厂解体检查，发现低压绕组存在不同程度变形和损坏情况。其中 a 相绕组存在轻微变形现象；b 相绕组端部出现贯穿性烧断，烧断 6 股漆包线，并绕铜线全部散开，绕组上半部分碳渣、铜渣较多，如图 2 所示；c 相绕组顶层压板已严重变形和局部破裂，绕组端部变形明显，但无断裂现象，整体扭曲性变形。高压绕组外观良好，无明显变形现象，表面及内侧清洁。

4.4　故障原因分析

（1）多次短路冲击的累积效应，是该变压器低压绕组严重变形和损坏的主要原因。该变压器分别在 2004 年、2008 年发生近区短路，2008 年发生近区短路后进行绕组变形试验时发现低压绕组仅为轻度变形。2008～2010 年该变压器又遭受了多次近区短路冲击，如表 3 所示。由于短路冲击的累积效应，绕组机械强度大大降低容易在较小短路电流的作用下发生严重变形，甚至导致绕组损坏。

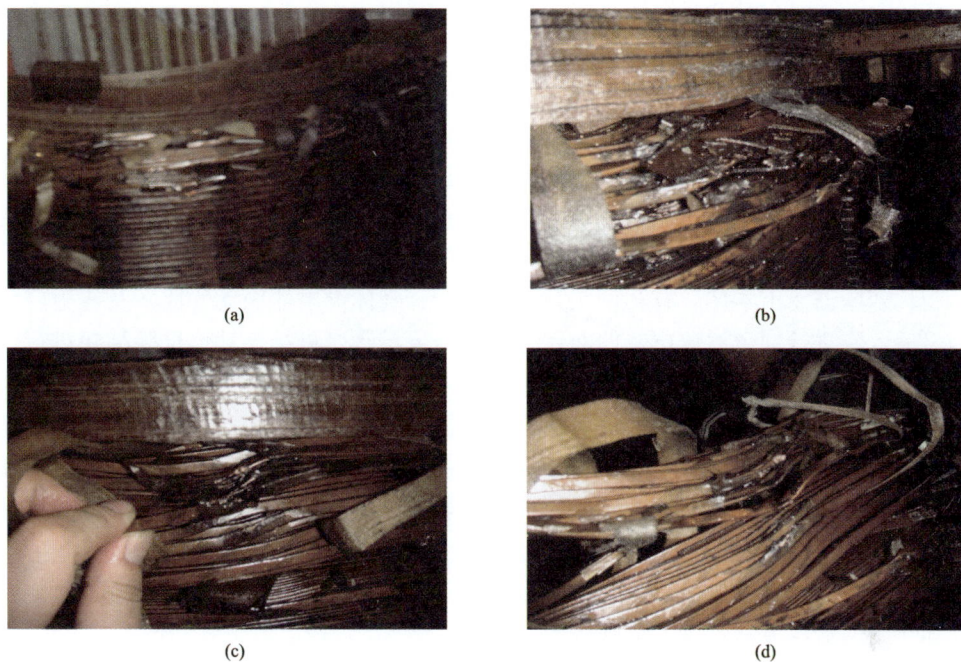

(a)　　　　　　　　　　　　　　　　(b)

(c)　　　　　　　　　　　　　　　　(d)

图2　低压绕组 b 相损坏情况

（a）绕组上半部分碳渣、铜渣较多；（b）烧断6股漆包线；（c）绕组端部出现贯穿性烧断；（d）绕铜线全部散开

表3　　　　　　　　2号主变压器2008年5月8日后遭受短路冲击统计表

时间	事件描述	估算距离（km）	冲击力估计
2008 - 9 - 30	坪镇线坪342速断动作，重合成功，查为302～303号杆之间 c 相有断股现象	5	较强
2009 - 1 - 6	丰田线坪336过流动作，重合不成功，强送成功，10：28又过流动作，重合不成功，查为764-1号杆 c 相负荷保险断落，c 相导线落在横担上	8	一般
2009 - 4 - 16	坪学线坪328过流动作，重合成功，查线为075号杆 a、b 相横档有异物（大风）	4.5	一般
2009 - 5 - 20	丰田线坪336过流跳闸，重合不成功，强送成功，查为734 7-7～7-9号杆 a、c 导线烧断	8	一般
2009 - 8 - 23	坪学线坪328速断动作，重合成功。查为坪学线053号杆负荷保险烧断	3.5	较强
2010 - 2 - 19	坪镇线坪342保护动作跳闸，重合成功。查为031-3-1号杆 b 相避雷器烧坏	4.8	较强
2010 - 2 - 28	坪镇线坪342有分合闸信号，查为008-3号杆电话线掉在高压线上	8.1	一般

（2）变压器本身抗短路能力不足是该变压器损坏的重要原因。该主变压器属于某厂1990～1996年出厂的110kV变压器，由于设计原因，变压器存在先天抗短路能力不足

的家族缺陷，需进行结构完善化改造。该主变压器由于未进行结构完善化改造，本身抗短路能力差，在短路冲击的累积效应作用下最终损坏。

5 监督意见及要求

（1）变压器发生近区或出口短路冲击后，应加强本体油色谱跟踪检测。停电试验时还应进行绕组变形测试、直流电阻、介质损耗及电容量测试，综合分析绕组变形和受损情况，当怀疑变压器内部存在严重缺陷时，可进行吊罩检查。

（2）变压器发出本体、有载调压开关轻瓦斯（气体继电器内无气体）及压力释放动作信号后，应进行油色谱分析，如油色谱分析结果异常，可结合其他试验结果进行诊断分析。

（3）加强变压器运行环境治理，防止变压器因外部短路损坏，主要措施：①对低压侧母线桥及开关柜母线实施绝缘护套包封，对跳闸率高的 10kV 出线 2km 内采取导线绝缘化改造的措施，最大限度地防止或减少变压器的出口、近区短路。②采取各种措施防止站内其他设备发生短路事故，如对开关设备开断能力和互感器动热稳定性能进行校核，定期检查变电站防雷设备、设施性能及状况，对 35～220kV 进出线间隔加装避雷器，加快老旧设备改造进度等措施。

报送人员：胡海宁、王伟、刘国荣、金圆。
报送单位：国网湖南长沙供电公司。

110kV 变压器低压侧近区故障导致绕组变形

监督专业：电气设备性能　　　　监督手段：诊断试验
发现环节：运维检修　　　　　　问题来源：设备设计

1　监督依据

Q/GDW 169—2008《油浸式电力变压器（电抗器）状态评价导则》
Q/GDW 1168—2013《输变电设备状态检修试验规程》
Q/GDW 11085—2013《油浸式电力变压器（电抗器）技术监督导则》

2　违反条款

(1) Q/GDW 169—2008《油浸式电力变压器（电抗器）状态评价导则》第 5.9.5 条规定：绕组电容变化＞5％，单相扣分 40，该变压器评价为严重状态。

(2) Q/GDW 1168—2013《输变电设备状态检修试验规程》第 5.1.1.9 条规定：测量绕组绝缘介质损耗因数时，应同时测量电容值，若此电容值发生明显变化，应予以注意。第 5.1.2.3 规定：短路阻抗测量，容量 100MVA 及以下且电压等级 220kV 以下的变压器，初值差不超过±2％，三相之间的最大相对互差不应大于 2.5％。第 5.1.2.5 条规定：绕组频响曲线的各个波峰、波谷点所对应的幅值及频率应基本一致。

(3) Q/GDW 11085—2013《油浸式电力变压器（电抗器）技术监督导则》第 5.9.5 条规定：结合实际对变压器现场巡视、检修、诊断性试验、例行试验、带电检测等工作进行抽查，对抗短路能力、绝缘性能、过载能力等性能，储油柜、套管、分接开关等组附件质量进行抽检。

3　案例简介

2013 年 12 月，某 110kV 变电站 1 号主变压器发生近区短路，油中溶解气体分析结果正常。试验人员对其进行了停电诊断性试验，发现主变压器绕组电容量、局部放电试验数据超标，绕组频率响应曲线异常，初步分析判断该变压器可能存在低压绕组变形。后经吊罩检查发现该变压器低压 b 相绕组存在明显变形。

4　案例分析

4.1　历史数据分析

该变压器 2008、2009 年分别发生 310、316 断路器对地闪络故障，2012 年又发生过近区短路故障。该变压器的历次试验数据见表 1 和表 2。

表 1		历年电容量测试结果	（pF）
测试日期	高压—低压及地电容		低压—高压及地电容
2008 年 9 月	7750		12 640
2009 年 10 月	7619		12 820
2013 年 12 月	7623		13 780

表 2	历年变压器油色谱分析结果			（μL/L）
取样日期	2008 - 10 - 13	2009 - 08 - 11	2012 - 11 - 19	2013 - 12 - 19
分析日期	2008 - 10 - 14	2009 - 08 - 11	2012 - 11 - 20	2013 - 12 - 19
氢气	5	5	4	5
甲烷	3	3	4.6	14.9
乙烷	1	1	0.6	5
乙烯	1	1	0.7	4.8
乙炔	0	0	0	0
一氧化碳	263	218	316	342
二氧化碳	1003	1052	1374	1572
总烃	5	5	5.9	24.7
可燃气体	273	228	325.9	371.7
备 注	310 断路器对地闪络故障后取样	316 断路器对地闪络故障后取样	近区短路故障后取样	例行试验
结 论	正常	正常	正常	正常

4.2 诊断性试验分析

由于该变压器低压侧遭受过数次短路冲击，油色谱结果虽然未见明显异常，但为进一步确认设备状况，试验人员对该台主变压器进行诊断性试验，项目包括绕组绝缘电阻测试、绕组介质损耗及电容量测试、短路阻抗测试、频响法绕组变形测试及局部放电测试等，测试数据如表 3～表 7 所示。

（1）介质损耗及电容量试验分析。由于该变压器低压绕组对高压绕组及地（以下简称 L—H，E）电容量较 2009 年测试值增大 7.09%。

对电容量进行分解，采用正接法测量高压绕组对低压绕组（以下简称 H—L）电容量，并将低压绕组屏蔽测量高压绕组对地（即高压绕组对铁心、夹件及外壳，以下简称 H—E）电容量，测试结果分别为 4483、3134pF，与高压绕组对低压绕组及地（以下简称 H—L，E）电容量基本一致。由于 H—L，E 电容量与历史值较为一致，可判断该变压器 H—E 及 H—L 电容量未发生变化。同样，由于 L—H，E 也可拆分为低压绕组对高压绕组（以下简称 L—H）与低压绕组对地（以下简称 L—E），根据表 3 数据可得出造成 L—H、E 电容量变化的主要原因应为 L—E 的变化，即低压绕组对铁心、夹件及外壳的电容量发生变化。

表 3　　　　　　　　　　　绕组介质损耗及电容量测试结果

加压方式	tanδ（%）	C_x（pF）
L—H、E	0.406	13 730
L—H	0.217	4483
L—E	0.52	9192
H—L、E	0.225	7623
H—L	0.217	4483
H—E	0.326	3134

（2）局部放电试验分析。变比试验正常后，开展局部放电试验。低压绕组 b 相加压、a 相接地，在高压绕组 B 相感应出试验电压，同时监测高、低压绕组局放，低压绕组局部放电量超标。将加压相别进行更换（即 a 相加压、b 相接地）后，局部放电信号消失，由此判断：

1）更换加压相别不会改变高压绕组电压，高压绕组绝缘应无异常。

2）更换加压相别不会改变匝间电压分布，低压绕组匝间绝缘应无异常。

3）更换加压相别前后主要区别是降低低压 b 相引线及上半段绕组的对地电压，且在其电压降低后局部放电信号消失。

综合上述分析，局部放电可能是低压绕组 b 相引线及上半段绕组对地绝缘不良造成的。

表 4　　　　　　　　　　　　局 部 放 电 测 试 结 果　　　　　　　　　　　　（pC）

加压相		A 相（a 相加压，c 相接地）	B 相（b 相加压，a 相接地）	C 相（c 相加压，b 相接地）	B 相（a 相加压，b 相接地）
高压	$1.1U_m/\sqrt{3}$	55	49	56	56
	$1.3U_m/\sqrt{3}$	54	77	59	59
低压	$1.1U_m/\sqrt{3}$	251	264	261	261
	$1.3U_m/\sqrt{3}$	308	1553	298	298

备注：低压绕组 b 相局部放电起始电压约为 9kV。

（3）短路阻抗分析。由于该台主变压器投运后未进行过短路阻抗试验，历史数据仅可参考变压器铭牌值。阻抗三相互差及与铭牌值相比的初值差均存在超标，由于铭牌值并无各相数据，因此无法确认此超标由哪相绕组变形造成，该试验结果仅作为参考。

表 5　　　　　　　　　　低电压短路阻抗测试结果　　　　　　　　（高压 9 挡—低压）

相别	测试值（%）	平均值（%）	铭牌值（%）	初值差（%）	最大相对互差（%）
a	13.73				
b	14.06	13.97	13.45	3.87	2.89
c	14.12				

标准：初值差不超过±2%，最大相对互差不超过 2.5%。

（4）频响法绕组变形测试分析。

1）高压绕组：低频段三相绕组频响波形一致性差，中、高频段三相绕组频响波形一致性好。

2）低压绕组：低频段三相绕组频响波形一致性稍差，中频段三相绕组频响波形一致性好，高频段 LBLC 相绕组频响波形与 LALB、LCLA 相绕组频响波形一致性差；且全频段 LBLC 相绕组频响波形与 LALB、LCLA 相绕组频响波形相关系数低。

根据频响测试结果判断，高压绕组低频段相关性差可能为变压器本身工艺造成，但不能排除其变形可能。低压绕组 LBLC 相与 LALB、LCLA 相全频段相关系数低，可能存在变形。

表6　　　　　　　　　　　　　　　　　高压绕组频响测试结果

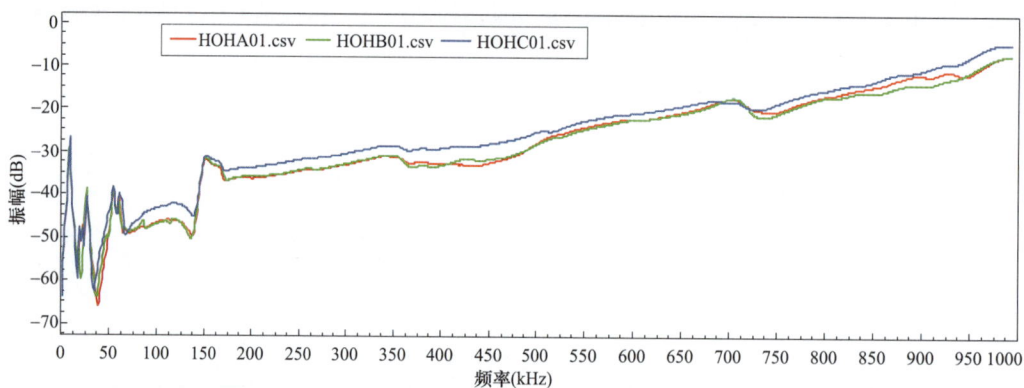

相关频段（KHZ）	相关系数 R12	相关系数 R13	相关系数 R23
低频 LF［1，100］	1.18	0.99	0.99
中频 MF［100，600］	2.42	1.87	1.88
高频 HF［600，1000］	1.82	1.78	1.76
全频 AF［1，1000］	2.50	2.14	2.15

表7　　　　　　　　　　　　　　　　　低压绕组频响测试结果

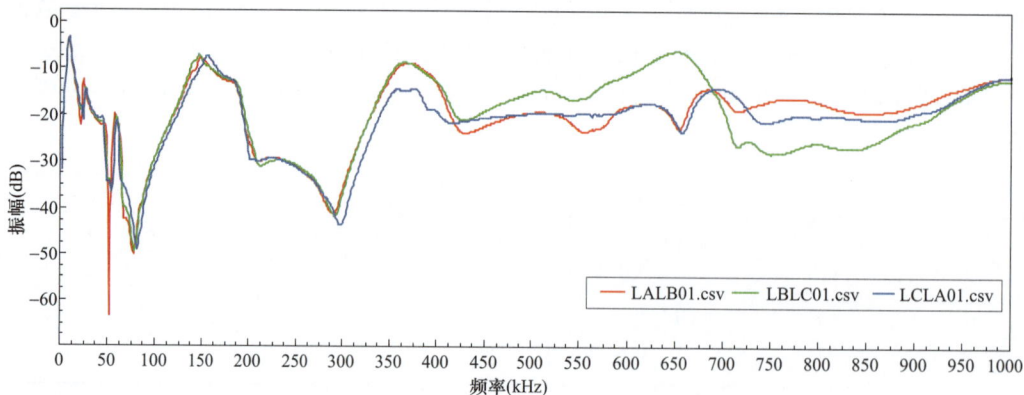

相关频段（kHz）	相关系数 R12	相关系数 R13	相关系数 R23
低频 LF〔1, 100〕	1.33	1.11	1.72
中频 MF〔100, 600〕	1.33	1.19	1.37
高频 HF〔600, 1000〕	0.20	0.73	0.25
全频 AF〔1, 1000〕	0.66	1.15	0.75

4.3 吊罩检查

由于该变压器曾数次遭受近区短路冲击，根据该变压器运行情况及试验结果，判断主变压器低压绕组可能发生变形或位移。

吊罩检查发现 a、b、c 三相低压绕组压板断裂，各绕组支撑绝缘垫块松动掉落箱底，使用内窥镜发现低压 b 相绕组引线烧损，如图 1、图 2 所示。

图 1　低压 b 相绕组与上铁轭之间的
绝缘材料纵向破损

图 2　低压 b 相绕组已存在变形

综上分析，在遭受数次近区短路冲击后，该台主变压器低压绕组靠近铁心部分绕组（即内部绕组）发生位移或变形，强大的电动力作用下使其向变压器铁心靠近，最终造成低压绕组对地电容量增加及低压绕组绝缘缺陷，吊置检查情况与试验结果分析吻合。

5　监督意见及要求

（1）如果发生近区短路故障，应及时对主变压器开展绕组变形、短路阻抗、局部放电、介质损耗及电容量测量、油中溶解气体分析等试验，并结合历年运行工况进行综合分析，以确定设备状况。

（2）建立并完善主变压器绕组电容量、绕组变形、短路阻抗及局部放电等试验数据档案，便于试验数据的纵横比较，综合分析确认主变压器内部异常后应及时吊罩（芯）进行处理。

报送人员：欧阳光、吴海花、刘赟、杨之吉、刘靓。
报送单位：国网湖南株洲供电公司。

110kV 变压器低压侧绕组引出线与套管导电杆连接螺栓松动导致直流电阻超标

| 监督专业：电气设备性能 | 监督手段：例行试验 |
| 发现环节：运维检修 | 问题来源：设备安装 |

1 监督依据

Q/GDW 1168—2013《输变电设备状态检修试验规程》

2 违反条款

Q/GDW 1168—2013《输变电设备状态检修试验规程》第 5.1.1.1 规定：1.6MVA 以上变压器，各相绕组电阻相间的差别不应大于三相平均值的 2%（警示值），无中性点引出的绕组，线间差别不应大于三相平均值的 1%（注意值）；1.6MVA 及以下的变压器相间差别一般不大于三相平均值的 4%（警示值），线间差别一般不大于三相平均值的 2%（注意值）；同相初值差不超过±2%（警示值）。

3 案例简介

2014 年 4 月，试验人员对某 110kV 变电站 2 号主变压器进行停电例行试验，发现低压绕组直流电阻线间互差超标，其他试验数据均合格。检查发现直流电阻超标原因为该变压器低压绕组引出线与套管导电杆连接处螺栓松动。检修人员将螺栓紧固后，试验数据恢复正常。

该变压器型号为 SZ10-50000/110，2002 年 11 月出厂，2003 年 4 月投运。

4 案例分析

4.1 试验数据分析

该变压器低压绕组直流电阻测试结果如表 1 所示。

表 1　　　　　　　　2 号主变压器低压绕组直流电阻测试数据　　　　　　　　（mΩ）

绕组	试验数据		换算值	初值差
	出厂值（上层油温：19℃）	本次测量（上层油温：23℃）	本次测量值换算到 19℃	
ab	4.290	4.885	4.809	12.09%
bc	4.308	4.904	4.828	12.07%

绕组	试验数据		换算值	初值差
	出厂值（上层油温：19℃）	本次测量（上层油温：23℃）	本次测量值换算到19℃	
ca	4.334	4.449	4.380	1.06%
线间差	1.02%	9.59%	9.27%	

备注：测试结果已排除套管桩头与导电杆接触的不良影响（直接从导电杆连接测试线）。

从表1可以看出，低压绕组直流电阻测试数据横向对比严重超标；与出厂值纵向比较，ab、bc绕组直流电阻测试数据超标。

该变压器低压绕组为三角形接线，测量ab、bc、ca线间直流电阻时的测量回路分别如图1、图2、图3中红线所标示。

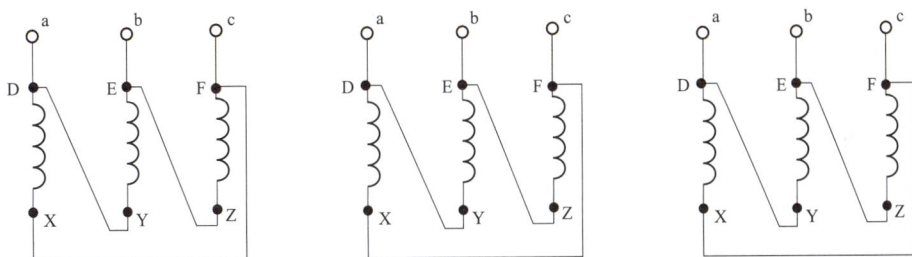

图1 测量ab间直流电阻接线　图2 测量bc间直流电阻接线　图3 测量ca间直流电阻接线

由于ac直流电阻测量值与出厂值相比无异常，ab、bc直流电阻测量值均偏大且数值较为接近，初步判断三相绕组内部异常，ab、bc测量回路的公共部分（图中bE段）存在异常的可能性较大。

4.2　原因查找

为查找原因，将主变压器内部的绝缘油放掉一部分，直至油面降至低压绕组与套管导电杆连接部位以下，如图4所示。

图4　低压套管导电杆与绕组连接处实物照片

由图 4 可知，低压绕组引出线与套管导电杆连接处共有四颗紧固螺栓，其中任何一颗螺栓发生松动，均有可能因接触不良导致直流电阻数据超标。现场检查时，发现 b 相该位置一颗螺栓有松动。将该螺栓紧固后，试验人员再次对绕组直流电阻进行测试，试验结果如表 2 所示。

表 2   **螺栓紧固后低压绕组直流电阻测试数据**   （mΩ）

低压绕组	ab	bc	ca	线间差
出厂值	4.290	4.308	4.334	1.02％
处理后	4.318	4.336	4.360	0.97％

由表 2 测试数据可知，将螺栓紧固处理后，低压绕组引出线与套管导电杆处接触不良的问题得到解决，直流电阻数据恢复正常。

综上分析，该变压器低压绕组引出线与套管导电杆连接处的螺栓防松动措施不当，在主变压器运行过程中容易因振动造成松动，导致低压绕组直流电阻测试值偏大。

5 监督意见及要求

（1）变压器绕组三相直流电阻不平衡时，应对测量回路进行分析，以准确判断故障位置。

（2）测试数据超标时，应结合其他试验项目进行综合分析，找到导致数据异常的原因，并结合实际制订处理方案。

（3）当存在局部发热，应进行油色谱试验分析和诊断，以确定绝缘油是否劣化。

报送人员：刘国荣、孙泽文、罗慧卉、王伟。
报送单位：国网湖南长沙供电公司。

110kV 变压器无励磁分接开关静触头与绕组抽头连接松动导致绕组直流电阻相间差超标

监督专业：电气设备性能	监督方式：例行试验
发现环节：运维检修	问题来源：设备制造

1 监督依据

Q/GDW 1168—2013《输变电设备状态检修试验规程》

2 违反条款

Q/GDW 1168—2013《输变电设备状态检修试验规程》第 5.1.1.1 条规定：1.6MVA 以上变压器，各相绕组电阻相间的差别不应大于三相平均值的 2%（警示值），无中性点引出的绕组，线间差别不应大于三相平均值的 1%（注意值）；1.6MVA 及以下的变压器相间差别一般不大于三相平均值的 4%（警示值），线间差别一般不大于三相平均值的 2%（注意值）；同相初值差不超过±2%（警示值）。

3 案例简介

2012 年 1 月，试验人员对某 110kV 变电站 2 号主变压器进行停电例行试验，发现 35kV 侧绕组额定分接（Ⅲ分接）直流电阻相间差值超标，其余试验项目合格。后经吊罩检查发现该变压器 35kV 侧 B 相绕组Ⅳ、Ⅴ分接抽头与相应 A4、A5 静触头座连接处螺栓松动。将松动的螺栓紧固后，试验数据合格，变压器投运后运行正常。

4 案例分析

4.1 试验数据分析

该变压器 35kV 侧绕组直流电阻测试数据以及历史试验数据如表 1 所示，A、C 两相直流电阻值及变化趋向一致，B 相直流电阻在Ⅱ、Ⅲ、Ⅳ分接处直流电阻值较 A、C 相相应分接处偏大，导致Ⅱ、Ⅳ分接处直流电阻相间差偏大，额定分接（Ⅲ分接）直流电阻相间差为 2.73%，不满足规程 Q/GDW 1168—2013 中相间差不大于 2%（警示值）的要求。

表 1   **2 号主变压器 35kV 侧绕组直流电阻测试数据**   （mΩ）

2002 年 35kV 侧绕组直流电阻测试数据			
分接位置	A 相	B 相	C 相	相间差（%）
Ⅲ	83.00	83.12	82.76	0.43
备注	上层油温 32℃			

2012 年 35kV 侧绕组直流电阻测试数据				
分接位置	A 相	B 相	C 相	相间差（%）
Ⅰ	79.92	80.17	79.97	0.31
Ⅱ	78.21	79.43	78.28	1.56
Ⅲ	76.55	78.64	76.64	2.73
Ⅳ	75.14	76.00	74.95	1.40
Ⅴ	73.34	73.46	73.27	0.26
备注	上层油温 12℃			

该台主变压器 35kV 侧为无载调压，三相分别使用一个无励磁分接开关调节电压，均为楔形结构，其结构原理图及电气接线示意图分别如图 1、图 2 所示。

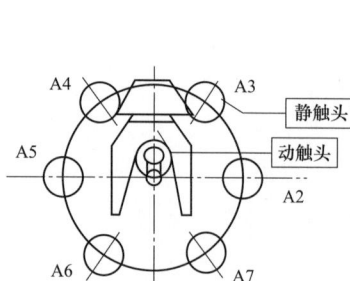

图 1　楔形无励磁分接开关结构原理图

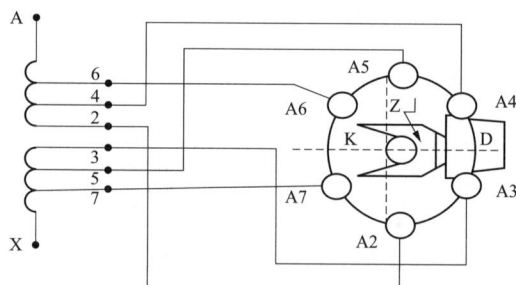

图 2　楔形无励磁分接开关电气接线示意图

图 2 中，35kV 侧绕组的引线抽头 2、3、4、5、6、7 依次连入分接开关的 A2、A3、A4、A5、A6、A7。各分接位置对应的绕组抽头连接方式及电压调整幅度如表 2 所示。调节电压时将分接开关动触头调节到相应位置即可。

表 2　　　　　　　　**各分接位置对应的绕组抽头连接方式及电压调整幅度**

分接位置	绕组抽头连接方式	电压调整幅度
Ⅰ	2 - 3	+5%
Ⅱ	3 - 4	+2.5%
Ⅲ	4 - 5	额定电压
Ⅳ	5 - 6	-2.5%
Ⅴ	6 - 7	-5%

由楔形无励磁分接开关调压原理及绕组直流电阻测试数据可知，35kV 侧 B 相绕组直流电阻偏大的Ⅱ、Ⅲ、Ⅳ三个分接位置均涉及到 4 或 5 抽头。因此，导致 35kV 侧 B 相绕组Ⅱ、Ⅲ、Ⅳ分接处直流电阻偏大的故障点位于 B 相绕组 4、5 抽头及相应的楔形分接开关 A4、A5 静触头之间，或由楔形分接开关的动触头移位引起。导致直流电阻偏

大的主要原因有以下两种：

（1）A4、A5 静触头本身接触电阻增大或 B 相绕组 4 抽头、5 抽头与 A4、A5 静触头座之间的连接松动，导致 B 相Ⅱ、Ⅲ、Ⅳ分接处直流电阻偏大。

（2）动触头中心点移位，即向 A2、A7 静触头方向偏移，使得动触头与 A4、A5 静触头接触压力不足，导致 B 相Ⅱ、Ⅲ、Ⅳ分接处直流电阻偏大。

4.2 吊罩检查

为进一步查明故障原因，将该变压器吊罩后对无励磁分接开关进行逐项检查，其中动触头弹簧压力、转动轴中心位置、动静触头接触面均无异常。检查绕组抽头与静触头座连接部位时，发现 B 相绕组 4、5 抽头与 A4、A5 静触头座连接处螺栓松动。其中 B 相绕组 4 抽头与 A4 静触头座上端连接可用手转动约 1/8 圈，5 抽头与 A5 静触头座下端连接处可用手略微转动，其余抽头与静触头座连接处均紧固良好。楔形无励磁分接开关内部绕组抽头连接情况如图 3 所示。

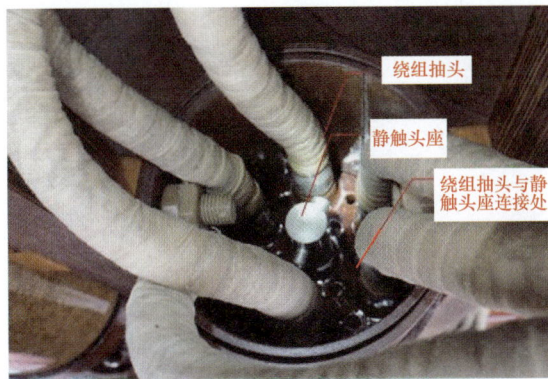

图 3　楔形无励磁分接开关内部绕组抽头连接情况

将 35kV 侧 B 相绕组 4、5 抽头与无励磁分接开关 A4、A5 静触头座连接处螺栓紧固后，对 35kV 侧绕组直流电阻进行测量，数据如表 3 所示，三相直流电阻相间差均满足规程要求。

表 3　　　　　　2 号主变压器 35kV 侧无励磁分接开关检修后直流电阻数据　　　　　（mΩ）

分接位置	A 相	B 相	C 相	相间差（%）
Ⅰ	86.81	87.11	86.96	0.34
Ⅱ	84.88	85.62	85.03	0.87
Ⅲ	83.08	84.10	83.36	1.22
Ⅳ	81.50	81.83	81.40	0.53
Ⅴ	79.73	79.79	79.57	0.28
备注	上层油温：25℃			

结合检修过程及试验数据可知，该台变压器 35kV 侧绕组 B 相Ⅱ、Ⅲ、Ⅳ分接处直流电阻偏大的原因为，B 相绕组 4、5 抽头与相应 A4、A5 静触头座连接处螺栓

松动。

该型号楔形无励磁分接开关绕组抽头与静触头座的连接主要依靠螺栓的紧固，无卡位措施。主变压器 35kV 侧长期运行在 Ⅲ 档，绕组 4、5 抽头上一直有大电流通过，4、5 抽头引线处于持续的电磁振动中，长期的电磁振动使得连接螺栓逐渐松动，接触电阻不断增大，最终导致 2 号主变压器 35kV 绕组 B 相相应分接位置直流电阻变大。

5 监督意见及要求

（1）主变压器绕组直流电阻测试数据必须进行纵向及横向比较，发现数据异常应结合历史数据、设备结构及运行工况进行综合分析，以判断原因，否则容易导致漏判或误判。

（2）主变压器内部绕组连接部位的固定措施应可靠，以保证绕组连接部位在承受电动力的过程中不会发生松动或脱落。

报送人员：李日波、孙振华、刘郑哲。
报送单位：国网湖南衡阳供电公司。

110kV 变压器有载分接开关安装错位导致直流电阻及变比异常

| 监督专业：电气设备性能 | 监督方式：竣工验收 |
| 发现环节：交接验收 | 问题来源：设备安装 |

1 监督依据

GB50150—2006《电气装置安装工程 电气设备交接试验标准》

2 违反条款

（1）GB 50150—2006《电气装置安装工程 电气设备交接试验标准》第 7.0.3 条规定：变压器直流电阻，与同温度下产品出厂实测数值比较，相应变化不应大于 2%。

（2）GB 50150—2006《电气装置安装工程 电气设备交接试验标准》第 7.0.4 条规定：检查所有分接头的电压比，与制造厂铭牌数据相比应无明显差别，且应符合电压比的规律。

3 案例简介

2015 年 4 月，试验人员对某 110kV 变电站 1 号主变压器进行交接试验。在进行绕组直流电阻测试时发现高压绕组 2 挡与 3 挡、9 挡与 10 挡直流电阻数据相同，测试数据如表 1 所示。随后进行高压绕组对低压绕组变比试验，发现 17 挡无测试数据，怀疑该台主变压器高压侧有载分接开关挡位错位。吊罩检查发现直流电阻变比异常的原因是有载分接开关的选择开关与切换开关的中心连接轴错位 90°。将选择开关与切换开关的中心连接轴调至同一位置后，再次进行变比及绕组直流电阻试验，试验数据恢复正常。

该变压器型号为 SZ11－50000/110，2015 年 01 月出厂。高压侧有载调压开关型号为 SHZV-Ⅲ-600Y/72.5B-10193W，变比为 110±8×1.25%/10.5kV。

4 案例分析

4.1 试验数据分析

经检查发现，该台主变压器高压侧有载分接开关机械指示挡位与机构箱指示挡位不一致，机械指示比机构箱指示高一个挡位，如机械指示为 6 挡，此时机构箱指示为 5 挡。对该变压器高压侧有载分接开关操动机构进行调整，使得有载分接开关机械指示与机构箱指示挡位一致。再次对该台主变压器进行变比和直流电阻试验，直流电阻试验时一直无法充电，变比试验结果如表 2 所示。

由表 2 测试数据分析，该台主变压器高压侧有载分接开关存在挡位错位现象，如 17 挡的测试变比实际与 16 挡计算值一致，9b、9c、10 挡数据变比一致，而 9a 挡的变比与第 8 挡一致，判断该有载分接开关整体错位一个挡位，即该有载分接开关机械指示位置超前实际位置一个挡位。

表 1   **1 号主变压器绕组直流电阻测试数据**

试验日期：2015 年 04 月 13 日

\multicolumn{10}{c}{高压绕组直流电阻（Ω）}									
挡位	A 相	B 相	C 相	相差%	挡位	A 相	B 相	C 相	相差%
1	0.3373	0.3378	0.3392	0.53	10	0.2882	0.2891	0.2890	0.48
2	0.3311	0.3316	0.3330	0.57	11	0.2950	0.2963	0.2976	0.77
3	0.3312	0.3317	0.3310	0.57	12	0.3017	0.3026	0.3039	0.69
4	0.3294	0.3286	0.3270	1.13	13	0.3077	0.3087	0.3101	0.71
5	0.3186	0.3222	0.3207	1.12	14	0.3142	0.3151	0.3165	0.69
6	0.3123	0.3133	0.3146	0.73	15	0.3203	0.3213	0.3227	0.62
7	0.3063	0.3070	0.3083	0.68	16	0.3253	0.3266	0.3281	0.76
8	0.3007	0.3017	0.3030	0.76	17	0.3322	0.3330	0.3343	0.63
9	0.2887	0.2891	0.2899	0.41	结论	\multicolumn{4}{c}{不合格}			
\multicolumn{5}{c}{低压绕组（mΩ）}									
\multicolumn{2}{c}{ab}	bc	ca	相差%					
\multicolumn{2}{c}{4.545}	4.526	4.523	0.49					
备注	\multicolumn{9}{c}{环境温度 19℃；相对湿度：66%；上层油温：22℃}								

表 2   **1 号主变压器变比测试数据**

试验日期：2015 年 04 月 14 日

\multicolumn{2}{c}{高压绕组}	低压绕组（V）	计算变比	AB/ab		BC/bc		CA/ca	
分接位置	电压（V）			实测变比	偏差（%）	实测变比	偏差（%）	实测变比	偏差（%）
1	121 000		11.524	\multicolumn{6}{c}{测试数据紊乱}					
2	119 625		11.393	11.518	—	11.516	—	11.517	—
3	118 250		11.262	\multicolumn{6}{c}{测试数据紊乱}					
4	116 875		11.131	11.247	—	11.246	—	11.247	—
5	115 500	10 500	11.000	\multicolumn{6}{c}{测试数据紊乱}					
6	114 125		10.869	10.970	—	10.977	—	10.977	—
7	112 750		10.738	10.843	—	10.842	—	10.843	—
8	111 375		10.607	10.728	—	10.726	—	10.727	—
9a	110 000		10.476	10.593	—	10.592	—	10.592	—
9b	110 000		10.476	10.477	—	10.476	—	10.477	—

高压绕组		低压绕组（V）	计算变比	AB/ab		BC/bc		CA/ca	
分接位置	电压（V）			实测变比	偏差（%）	实测变比	偏差（%）	实测变比	偏差（%）
9c	110 000		10.476	10.477	—	10.476	—	10.477	—
10	108 625		10.345	10.476	—	10.475	—	10.475	—
11	107 250		10.214	10.342	—	10.341	—	10.341	—
12	105 875		10.083	10.207	—	10.206	—	10.207	—
13	104 500	10 500	9.952	10.072	—	10.071	—	10.072	—
14	103 125		9.821	9.9360	—	9.9373	—	9.9375	—
15	101 750		9.690	9.8034	—	9.8028	—	9.8029	—
16	100 375		9.560	9.6871	—	9.6863	—	9.6871	—
17	99 000		9.429	9.5530	—	9.5523	—	9.5522	—
结 论				不合格					
备注		环境温度23℃；相对湿度：62%；上层油温：27℃							

4.2 吊罩检查

根据直流电阻及变比测试数据，判定为有载分接开关安装存在问题，于2015年4月16日对有载分接开关进行了吊芯检查。

有载分接开关由选择开关和切换开关两部分组成，图1为吊出后的切换开关。经检查发现选择开关与切换开关的中心连接轴错位90°，图2为切换开关中心轴，图3为选择开关中心轴，正常装配应将图2、图3中序号（1）、（2）、（3）、（4）对应安装，其中（2）、（3）、（4）宽度一致，（1）的宽度最小。而在吊出检查时，发现图2（1）与图3（4）对应、图2（4）与图3（3）对应，产生错位90°，使得有载分接开关机械指示位置与实际连接位置不一致。将选择开关与切换开关的中心连接轴调至同一位置后，再次进行变比及绕组直流电阻试验，数据均合格。

图1　有载分接开关切换开关部分

按图1、图2的中心轴连接点设计，图1的（2）、（3）、（4）与（1）的大小不一样，图3的（4）与图2的（1）不匹配，怀疑装配时存在用切换开关的固定螺栓强行将切换开关固定的情况。

图 2　切换开关中心轴　　　　　　　　　　　图 3　选择开关中心轴

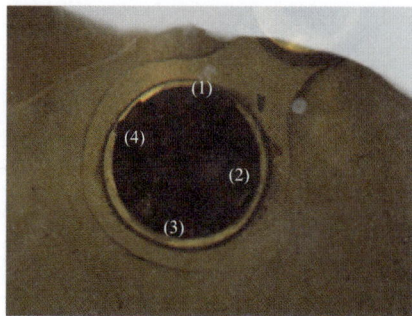

5　监督意见及要求

（1）对新投运或解体检修后的变压器，应重点检查有载分接开关的机械指示位置与实际连接位置是否一致。

（2）加强变压器驻厂监控改造，从源头上杜绝不合格产品进入电网。严格按要求开展交接和例行试验，对异常数据必须查明原因，并结合设备结构进行分析处理。

报送人员：刘海龙。
报送单位：国网湖南湘潭供电公司。

110kV 变压器有载分接开关密封不良导致 有载分接开关油室油位异常

监督专业：电气设备性能	监督方式：专业巡视
发现环节：运维检修	问题来源：设备制造

1 监督依据

DL/T 574—2010《变压器分接开关运行维修导则》

DL/T 573—2010《电力变压器检修导则》

2 违反条款

（1）DL/T 574—2010《变压器分接开关运行维修导则》第 6.2 条规定：有载开关储油柜油位、油色应正常，油位略低于变压器储油柜油位，油位计内无潮气凝露。

（2）DL/T 573—2010《电力变压器检修导则》第 7.2.1 条规定：大修应更换全部密封胶垫。

3 案例简介

2012 年 4 月，某 110kV 变电站 1 号主变压器有载分接开关油位过高报警信号频发，现场检查有载分接开关油室油位偏高，对有载分接开关油室进行放油后油位恢复正常，但不久故障再次出现。对有载分接开关吊芯检查发现有载分接开关内部有渗漏点，导致变压器本体油渗漏到有载分接开关内部，使得有载分接开关油室油位升高，更换密封垫后故障消除。

4 案例分析

4.1 现场检查分析

（1）渗漏点查找。该有载分接开关由切换开关和选择开关两部分组成，其中选择开关位于变压器本体油室内，切换开关位于有载分接开关油室内，平时两个油室相互独立。

为查找渗漏点，将变压器本体油位保持在运行油位，然后对有载分接开关油室进行放油，将切换开关吊出，排尽分接开关油室底部的油，以观察渗漏点。7～8min 后在有载分接开关油室底部放油孔（该放油孔有螺栓封堵）处有油迹出现，将油迹擦拭干净，7～8min 后该放油孔处又有油渍冒出，期间未发现其他渗漏点，如图 1 所示。根据检查结果，判断有载分接开关油室油位频繁升高的原因为：变压器本体油通过有载分接开关底部放油孔处封堵螺栓渗入有载分接开关油室。

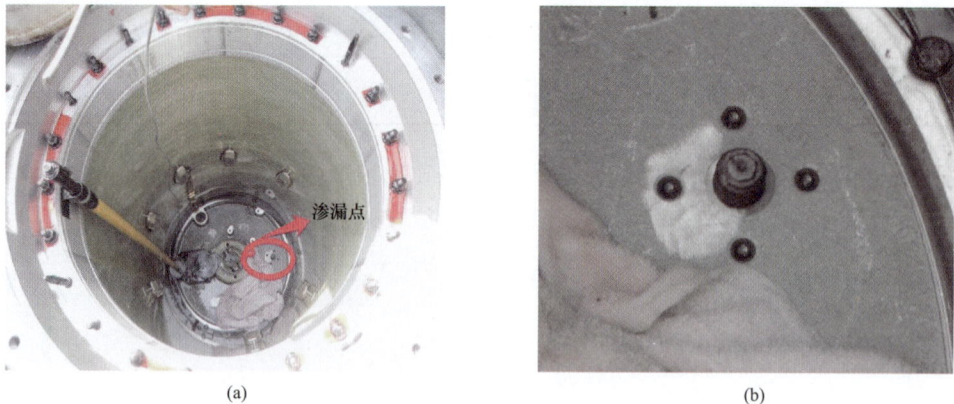

图1　有载分接开关油室底部渗漏点及其近照
（a）渗漏点；（b）渗漏点近照

（2）渗漏部件检查。该放油孔的封堵螺栓主要有两个功能：一是有载分接开关厂家在制作、加工、试验有载分接开关期间方便放掉有载分接开关油室内的绝缘油；二是变压器厂家在进行气相干燥时方便将有载分接开关油室和本体油室连通，加快工艺进度。图1所示封堵螺栓的螺帽在变压器本体油箱内，为解决变压器本体油向有载分接开关油室渗漏的问题，须进入变压器本体油箱内检查封堵螺栓具体情况。

为此将变压器本体油排出，从有载分接开关侧面的人孔门进入变压器内部。检查发现封堵螺栓紧固情况良好，接触面平整，之后将封堵螺栓拆除，发现封堵螺栓由螺杆、密封圈、托盘三部分组成。检查密封圈整体完好，但局部有金属末的压痕，并出现了局部的凹凸不平，如图2、图3所示，其余部件无异常。

图2　出现渗漏的密封圈

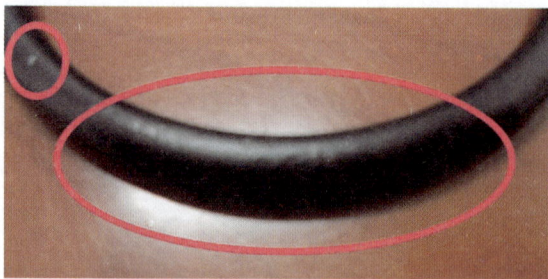

图3　密封圈凹凸处局部放大图

4.2　原因分析

通过对渗漏点及渗漏部件的检查，判断引起变压器本体油向有载分接开关油室渗漏的直接原因为：有载分接开关底部放油孔封堵螺栓密封圈上有金属碎屑，使得密封圈密封时受力不均，此外封堵螺栓的密封圈局部凹凸不平，导致放油孔处封堵不紧。

查阅该变压器及有载分接开关厂家制造工序，怀疑导致封堵螺栓密封圈凹凸不平的主要原因是主变压器制造厂家对有载分接开关连同变压器进行气相干燥后，再次注油前未更换原有密封圈，造成密封圈因重复使用而变形，导致有载调压开关油室密封不良，变压器本体油在压力作用下流向有载调压开关油室，并最终造成有载调压开关油位偏高。

更换该密封圈后，将有载调压开关油室底部放油孔封堵螺栓恢复，注入变压器本体油，观察 30min 原渗漏点未见油迹。变压器恢复运行后，跟踪 3 个月未发现有载分接开关油室油位异常，缺陷消除。

5　监督意见及要求

（1）变压器运行过程中应加强对有载分接开关油位的检查。当出现有载分接开关油位异常升高或降低时，均应仔细查明原因，并及时进行处理。

（2）变压器气相干燥后的密封垫严禁重复使用。有载分接开关大修后必须更换相关密封垫。

报送人员：张连明、谭成林、帅勇。
报送单位：国网湖南常德供电公司。

110kV 变压器中压侧近区短路故障导致无励磁分接开关损坏

| 监督专业：电气设备性能 | 监督手段：诊断试验 |
| 发现环节：运维检修 | 问题来源：设备设计 |

1 监督依据

Q/GDW 1168—2013《输变电设备状态检修试验规程》

2 违反条款

(1) Q/GDW 1168—2013《输变电设备状态检修试验规程》第 5.1.1.1 规定：1.6MVA 以上变压器，各相绕组电阻相间的差别不应大于三相平均值的 2%（警示值），无中性点引出的绕组，线间差别不应大于三相平均值的 1%（注意值）。

(2) Q/GDW 1168—2013《输变电设备状态检修试验规程》第 5.1.1.1 规定：220kV 及以下变压器油中溶解气体含量：乙炔$\leqslant$5μL/L（注意值），氢气$\leqslant$150μL/L（注意值），总烃$\leqslant$150μL/L（注意值），当气体浓度达到注意值时，应进行追踪分析查明原因。

3 案例简介

2014 年 6 月，某 110kV 变电站 35kV 用户线路因雷击发生故障，导致 1 号主变压器近区短路，主变压器发出轻瓦斯信号。对本体取油样进行色谱分析发现乙炔含量超标。对该台主变压器进行诊断性试验，发现 35kV 中压绕组 A 相 5 个挡位直流电阻均严重超标，判断原因为中压绕组 A 相出现断线故障或无励磁分接开关损坏。

4 案例分析

4.1 历史数据分析

该主变压器为三绕组变压器，高压侧为有载分接开关，中压侧为无励磁分接开关，其历次测试情况及异常运行工况如表 1 所示，故障前历次油色谱分析数据合格。

表 1 变压器历次测试情况及异常运行工况

检修时间	检 修 内 容
2007 年 8 月	停电例行试验发现 1 号主变压器在运行中由于铁心振动致使夹件接地，夹件绝缘电阻为 0，现场加装夹件接地电阻，将接地电流限制在标准允许范围内，继续投入运行
2009 年 4 月	主变压器吊罩，处理夹件接地问题

检修时间	检 修 内 容
2012 年 9 月	停电例行试验
2014 年 6 月	发生近区短路故障，乙炔、直流电阻等试验超标，吊罩大修更换 35kV 分接开关

4.2 诊断性试验分析

2014 年 6 月 27 日，试验人员两次取油样进行油中溶解气体分析，发现乙炔含量达到 $29.97\mu L/L$，与历史值（2014 年 3 月 14 日油化例行试验为 $1\mu L/L$）比较，数据增长近 29 倍，严重超标。

2014 年 6 月 28 日，对该台主变压器开展绕组直流电阻测试、变比测试、低电压短路阻抗法及频响法绕组变形测试等诊断性试验，测试数据如表 2、表 3、表 4 所示。

用变压器直流电阻测试仪对该台主变压器进行绕组直流电阻测试，发现高、低压侧直流电阻测试均合格，35kV 中压侧 B、C 相直流电阻测试合格，A 相直流电阻因超仪器量程较小无法测出。改用直流电阻电桥测试仪测试，发现 35kV 中压侧 A 相 5 个挡位绕组直流电阻均在 $320k\Omega$ 左右，怀疑中压侧 A 相绕组断线或无励磁分接开关损坏。

高压对低压变比测试均合格，高压对中压、中压对低压变比测试凡涉及中压绕组 A 相的结果均与计算值存在明显差异，怀疑中压绕组 A 相存在异常。

高压对低压绕组短路阻抗测试结果与铭牌值一致性较好，高压对中压、中压对低压绕组短路阻抗无法测出，判断中压绕组存在问题。

中压绕组频响法绕组变形测试结果表明：中压绕组 A 相与 B、C 相在中、低频段相关系数均较低，尤其是低频段中压绕组 A 相的波峰或波谷位置与 B、C 相明显不一致，判断中压绕组 A 相存在严重变形。怀疑中压绕组 A 相的电感发生了改变，可能存在匝间或饼间短路的情况。

表 2　　　　　　　　　　　　绕组直流电阻测试结果

中压绕组直流电阻				
挡位	A 相（kΩ）	B 相（mΩ）	C 相（mΩ）	相间差％
1	322	84.35	84.86	287.74
2	316	82.58	83.07	282.66
3	319	80.48	80.96	296.37
4	325	78.39	78.89	314.59
5	316	76.59	77.10	312.59

表 3　　　　　　　　　　　　低电压短路阻抗测试结果

测量部位	分接位置	铭牌值％	实测值％	偏差％
高压—低压	最正	18.26	18.10	−0.88
	额定	17.51	17.38	−0.76
	最负	17.23	17.32	0.50

测量部位	分接位置	铭牌值%	实测值%	偏差%
高压—中压	最正	10.22	无法测出	
	额定	9.85	无法测出	
	最负	9.57	无法测出	
中压—低压	最正	6.28	无法测出	
	额定	6.56	无法测出	
	最负	6.95	无法测出	

表4　　　　　　　　　　中压绕组频响测试结果

相关频段（kHz）	相关系数 R12	相关系数 R13	相关系数 R23
低频 LF［1，100］	0.200	0.148	1.314
中频 MF［100，600］	0.845	1.083	1.328
高频 HF［600，1000］	1.139	1.086	2.069

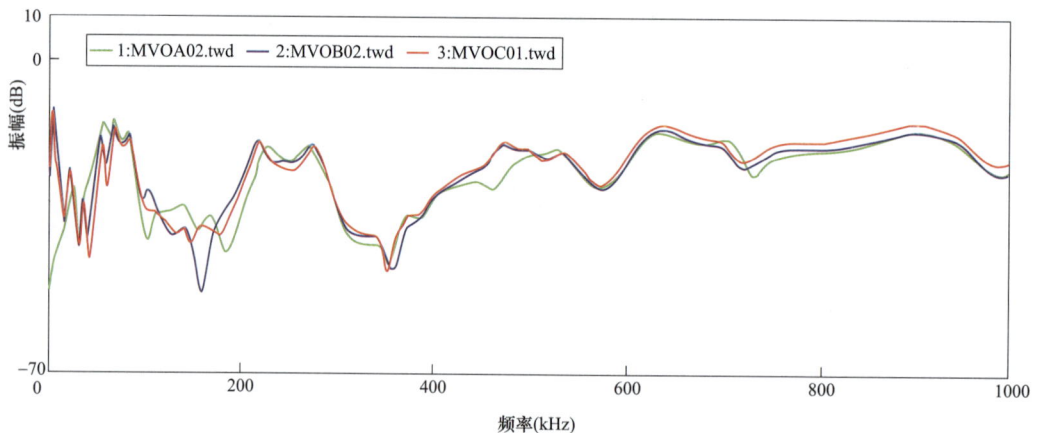

综上所述，判断该台主变压器中压侧 A 相存在断线故障或无励磁分接开关损坏，可能原因有：

（1）中压绕组 A 相至套管出线部分引线脱焊或螺栓松动。

（2）中压绕组 A 相绕组断线。

（3）中压绕组 A 相至无励磁分接开关引线脱焊或螺栓松动。

（4）无励磁分接开关动、静触头接触不良，触头表面氧化或烧损或触头弹簧压力不足。

4.3 吊罩检查

根据该台主变压器运行情况及试验结果，决定对变压器开展吊罩检查，确认变压器绕组及绝缘状况。

2014 年 07 月 11 日对 1 号主变压器进行吊罩，发现 1 号主变压器中压侧 A 相无励磁分接开关动、静触头严重烧损，且无励磁分接开关下方低压绕组引流排、木质绝缘杆、变压器底盆内散落有大量熔融的金属颗粒，现场吊罩后的照片如图 1、图 2 所示。

图 1 无载分接开关 A 相动静触头已严重烧损

综上所述，遭受近区短路冲击后，在强大的电动力作用下，1 号主变压器中压侧 A 相无励磁分接开关动、静触头发生移位，加之氧化膜及油污导致动、静触头接触不良，造成中压侧 A 相绕组直流电阻严重超标，并引起电弧放电烧毁分接开关，放电过程中产生的特征气体引起主变压器本体轻瓦斯动作。

5 监督意见及要求

图 2 中压侧 A 相无励磁分接开关下方散落有大量熔融的金属颗粒

（1）如变压器发生近区短路故障，不管主变压器是否停运，气体继电器是否发信号，均应立即取油样进行油中气体色谱分析，当油中气体色谱分析特征气体尤其是乙炔明显变化时，应尽快对该变压器停电进行诊断性试验，确定设备状况。

（2）对发生近区短路故障的主变压器，应及时开展绕组变形、短路阻抗、直流电阻测量、变比测试等试验，结合历来运行工况进行综合分析，确定设备状况，必要时进行吊罩检查处理。

报送人员：乐耀璟、黄欣、周舟、刘赟、李群宾、张树国。

报送单位：国网湖南郴州供电公司。

110kV 变压器抗短路能力不足导致运行中出现绕组变形

| 监督专业：电气设备性能 | 监督手段：例行试验 |
| 发现环节：运维检修 | 问题来源：设备设计 |

1 监督依据

DL/T 911—2016《电力变压器绕组变形的频率响应分析法》

Q/GDW 169—2008《油浸式电力变压器（电抗器）状态评价导则》

Q/GDW 1168—2013《输变电设备状态检修试验规程》

2 违反条款

（1）DL/T 911—2016《电力变压器绕组变形的频率响应分析法》附录 C 中表 C.1 规定：严重变形（$R_{LF}<0.6$）；明显变形（$1.0>R_{LF}\geq0.6$ 或 $R_{MF}<0.6$）；轻度变形（$2.0>R_{LF}\geq1.0$ 或 $0.6\leq R_{MF}<1.0$）；正常绕组（$R_{LF}\geq2.0$ 和 $R_{MF}\geq1.0$ 和 $R_{HF}\geq0.6$）。

（2）Q/GDW 169—2008《油浸式电力变压器（电抗器）状态评价导则》第 5.9.5 条规定：绕组电容变化>5%，单相扣分 40，该变压器评价为严重状态。

（3）Q/GDW 1168—2013《输变电设备状态检修试验规程》第 5.1.1.9 条规定：测量绕组绝缘介质损耗因数时，应同时测量电容值，若此电容值发生明显变化，应予以注意。第 5.1.2.3 条规定：短路阻抗测量，容量 100MVA 及以下且电压等级 220kV 以下的变压器，初值差不超过±2%，三相之间的最大相对互差不应大于 2.5%。第 5.1.2.5 条规定：绕组频响曲线的各个波峰、波谷点所对应的幅值及频率应基本一致。

3 案例简介

2015 年 9 月，试验人员对某 110kV 变电站 2 号主变压器停电例行试验，发现变压器绕组电容量异常、短路阻抗数据超标，绕组频率响应曲线异常，初步分析判断变压器可能存在绕组变形。对变压器吊罩检查，证实其内部高压绕组、低压绕组存在明显变形。该主变压器已退出运行。

该主变压器型号为 SZ8‑31500/110，1994 年 8 月出厂，1994 年 12 月投运。

4 案例分析

4.1 试验情况

该变压器 2001 年 9 月进行了返厂加固改造。2015 年 9 月 11 日，试验人员对其进行停电例行试验，情况如下。

（1）绕组介质损耗及电容量测试。该变压器绕组介质损耗及电容量测试数据如表 1 所示。变压器高压绕组对低压绕组及地的电容量减小 0.85%，低压绕组对高压绕组及地的电容量增大 6.65%，超过 Q/GDW 169—2008《油浸式电力变压器（电抗器）状态评价导则》第 5.9.5 条规定值±5%。由试验结果判断该变压器内部高低压绕组整体或局部出现不同程度的移位，各绕组间相对位置发生变化，从而引起电容量的变化。

表 1 绕组介质损耗及电容量测试数据

试验时间	试验项目	高压对低压及地	低压对高压及地
2009 - 05 - 16（油温 23℃）	C_x（nF）	7832.9	13 838
	Tanδ（%）	0.352	0.283
2015 - 09 - 11（油温 26℃）	C_x（nF）	7742	14 960
	Tanδ（%）	0.336	0.316
电容量偏差（%）		−0.85	6.65

（2）低电压短路阻抗试验。变压器低电压短路阻抗试验数据如表 2 所示。当有载分接开关分别位于 1 挡、9 挡、17 挡时，短路阻抗初值差分别为 3.34%、5.25%、4.95%，三相之间互差分别为 4.27%、3.69%、3.86%，初值差和相间互差均超过规程值要求（初值差±2%、互差 2.5%）。由试验结果判断该变压器绕组动稳定状态已发生改变，如绕组变形、移位、铁心松动、移位等。

表 2 低电压短路阻抗试验数据

试验部位		A（%）	B（%）	C（%）	平均值（%）	铭牌值（%）	初值差（%）	互差（%）
高一低	1 挡	11.41	11.72	11.24	11.46	11.09	3.34	4.27
	9 挡	10.98	11.23	10.83	11.02	10.47	5.25	3.69
	17 挡	10.79	11.03	10.62	10.81	10.3	4.95	3.86

（3）绕组频率响应分析。变压器绕组频率响应分析试验数据如表 3 所示。变压器高压绕组低频段相关系数均小于 1，且 B 相与其他两相一致性较差。低压绕组中频段相关系数 R12、R13 均小于 0.6，且 a 端输入，b 端测量时的频响曲线相关系数最小。根据 DL/T 911—2016《电力变压器绕组变形的频率响应分析法》附录 C 表 C1 中规定，初步判断低压侧 B 相绕组以及高压侧三相绕组都可能存在明显变形。

4.2 解体检查

鉴于上述试验结果均表明变压器内部存在明显变形，检修人员对该变压器进行了吊罩检查，吊罩检查情况如图 1～图 6 所示。变压器高压侧三相绕组存在明显扭曲、变形，绕组间发生相对位移，B 相绕组与 A、C 相绕组之间的距离有明显差别，同时绕组的大量垫块出现移位、脱落现象，器身底部有约 60 块脱落的绝缘垫块。低压侧 B 相绕组内部绝缘隔板也有明显移位，通过内窥镜发现其绕组存在绝缘破损现象，且与铁心相对位置不均匀，说明低压侧 B 相绕组也存在明显变形。

表 3　　　　　　　　　　　　　绕组频率响应曲线

1. 高压绕组频率响应波形及分析（测试挡位：1 挡）

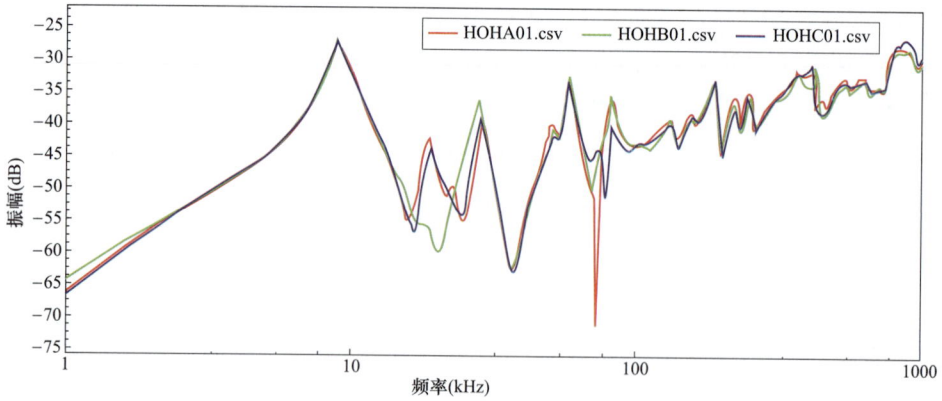

相关频段（kHz）	相关系数 R12	相关系数 R13	相关系数 R23
低频 LF [1,100]	0.79	0.83	0.90
中频 MF [100,600]	1.43	1.24	1.03
高频 HF [600,1000]	1.33	1.49	1.68
全频 AF [1,1000]	1.33	1.34	1.42

结论：
高压绕组可能存在明显变形现象

2. 低压绕组频率响应波形及分析

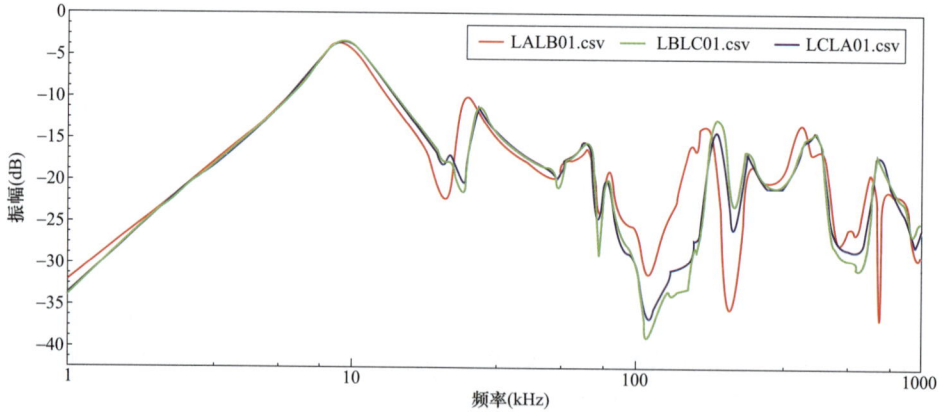

相关频段（kHz）	相关系数 R12	相关系数 R13	相关系数 R23
低频 LF [1,100]	1.16	1.13	1.73
中频 MF [100,600]	0.40	0.51	1.78
高频 HF [600,1000]	0.20	0.20	1.19
全频 AF [1,1000]	0.33	0.43	1.57

结论：
底压绕组可能存在明显变形现象

图1 A、B相绕组间距

图2 B、C相绕组间距

图3 高压绕组扭曲

图4 器身底部散落垫块

图5 低压侧B相绕组绝缘隔板
明显位移

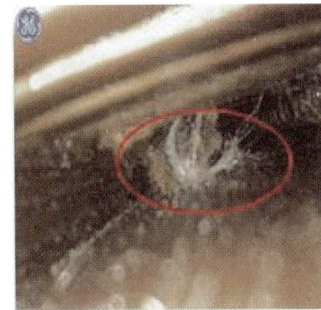

图6 绕组绝缘破损

该厂家1990～1996年出厂的变压器产品多次出现过内部绕组变形现象，其原因为变压器绕组压紧工艺不良，抗短路能力较差。在变压器遭受短路冲击后，容易发生绕组变形故障，致使变压器绝缘受损，并发生放电故障。目前该变压器已退出运行。

5 监督意见及要求

（1）运行中应完善主变压器绕组电容量、绕组变形、短路阻抗等试验数据档案，便于试验数据的纵横比较。

（2）对于遭受短路冲击的变压器，造成变压器跳闸的应开展绝缘油色谱分析及绕组变形试验；未造成变压器跳闸的则应进行绝缘油色谱分析。若色谱分析有异常，加强跟踪检测，并根据发展趋势适时安排停电试验；若色谱分析无异常则应在下次停电时进行绕组变形试验，确认绕组状况。

（3）对老旧变压器应开展抗短路能力的校核工作，对不满足要求的变压器应进行加固，提高抗短路能力，或加装限流电抗器，限制短路电流。

报送人员：张超、赵勇、祝志峰、王涛、欧阳卓。
报送单位：国网湖南岳阳供电公司。

110kV 变压器抗短路能力不足
导致运行中损坏

监督专业：电气设备性能	监督手段：诊断试验
发现环节：运维检修	问题来源：设备设计

1 监督依据

Q/GDW 169—2008《油浸式电力变压器（电抗器）状态评价导则》

Q/GDW 1168—2013《输变电设备状态检修试验规程》

2 违反条款

Q/GDW 1168—2013《输变电设备状态检修试验规程》第 5.1.1.1 条规定：油浸式电力变压器油中溶解气体分析中乙炔≤5μL/L（110kV）；氢气≤150μL/L（110kV 及以上）；总烃≤150μL/L（110kV 及以上）。

Q/GDW 1168—2013《输变电设备状态检修试验规程》第 5.1.2.5 条规定：绕组频响曲线的各个波峰、波谷点所对应的幅值及频率基本一致。

3 案例简介

2011 年 4 月，某 110kV 变电站 2 号主变压器本体轻瓦斯发信，同时该站 35kV 线路对侧的某 35kV 变电站 1 号主变压器发差流越限告警。变电检修人员当日早晨到达该变电站，发现 35kV 西侧高压室内有浓烟冒出。同时，4×24TV 开关柜避雷器穿屏套管处有明显放电痕迹。试验人员在色谱分析取样时发现该主变压器气体继电器产气速率极快、储油柜油流涌动。技术监督和检修人员当时立即申请停电，并进行了吊罩检查处理。

该主变压器型号为 SFS8-31500/110，1996 年 9 月生产，1997 年 3 月投运。

4 案例分析

4.1 试验数据分析

（1）油中溶解气体分析。为更好地分析轻瓦斯发信的原因，查阅了故障发生时的近 2 次油色谱数据，同时在主变压器停运前、停运后均进行了色谱分析，色谱结果如表 1 所示。

表 1 中数据说明，轻瓦斯发信前，该主变压器油中溶解气体含量正常。发信后，两次分析结果都显示乙炔和总烃含量超标。对比停运前后数据可以发现油中溶解气体的含

量增长很快。根据三比值法计算结果为 102，怀疑变压器内部存在电弧放电或短路引起放电。

表 1   主变压器油中溶解气体数据

试验日期	含量（μL/L）							
	甲烷	乙烯	乙烷	乙炔	氢气	一氧化碳	二氧化碳	总烃
2010 - 03 - 18	20.1	42.1	6.6	0	3.8	189.9	2852.8	68.8
2011 - 03 - 10	21.5	46.8	8.7	0	4.6	214.9	3148.1	77.08
2011 - 04 - 10（停运前）	53.6	90.2	11.7	241.4	101	562	3852	397.1
2011 - 04 - 10（停运后）	200	25.4	400.8	1606	1083	575	4139	2232.2

（2）电气试验。2011 年 4 月 10 日，高压试验人员对主变压器进行诊断性试验，其中，主绝缘电阻、末屏绝缘电阻、绕组直流泄漏电流、套高及本体介质损耗及电容量数据合格，绕组直流电阻和绕组变形试验结果异常。表 2 为绕组直流电阻。

表 2   绕 组 直 流 电 阻

测试部位		相 别		
高压侧（运行挡Ⅰ）		A 相（mΩ）	B 相（mΩ）	C 相（mΩ）
		803.3	811.0	812.5
低压侧		ab（mΩ）	bc（mΩ）	ca（mΩ）
		21.56	21.55	21.66
中压侧	挡位	A 相（mΩ）	B 相（mΩ）	C 相（mΩ）
	Ⅰ挡	124	119.3	118.9
	Ⅱ挡	129.6	115.5	115.7
	Ⅲ挡	128.6	112.2	112.8
	Ⅳ挡	109.1	108.9	108.7
	Ⅴ挡	开路	104.9	104.4

注：测试时环境温度为 16℃，环境湿度为 58%。

表 2 中可以发现，高压侧（运行挡Ⅰ）、低压侧以及中压侧Ⅰ～Ⅳ挡的电阻无明显异常，但在中压侧运行挡（Ⅴ挡）进行测量时发现 A 相开路。进行挡位多次反复调整后，A 相在第Ⅴ挡依然显示开路，其他挡位直流电阻仍可测出，但数据变得不规律。

图 1、图 2 和图 3 分别为高、中、和低压绕组变形的横向比较图。

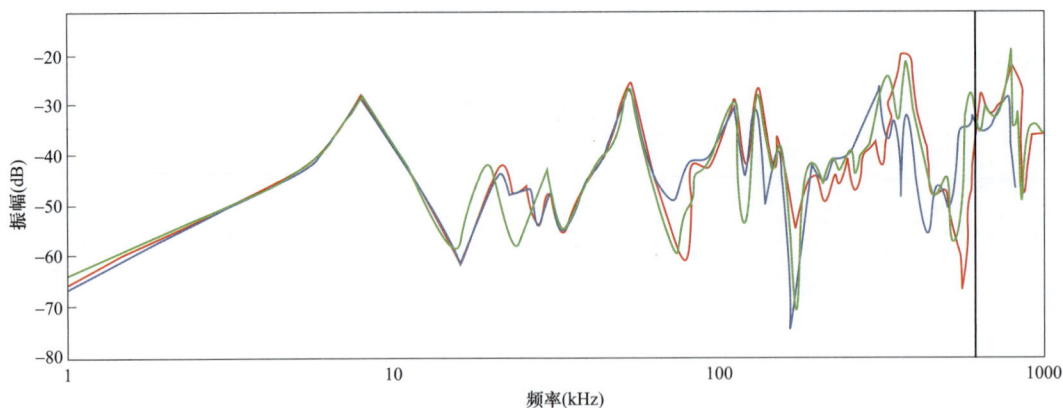

图 1　高压绕组变形横向比较图

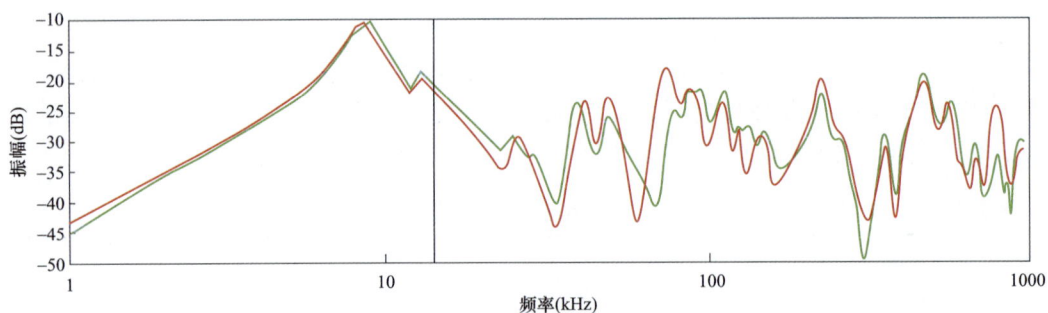

图 2　中压绕组变形横向比较图

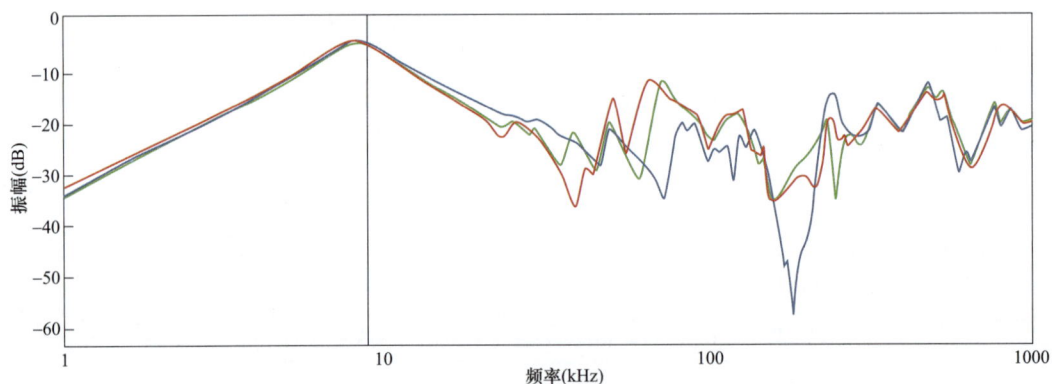

图 3　低压绕组变形横向比较图

绕组变形试验横向比较表明，该主变压器高、中、低压绕组三相间都存在较为严重的绕组变形，怀疑该主变压器绕组可能发生了扭曲、鼓包或绕组整体移位。变形主要发生在中、高频段，怀疑绕组可能遭受多次短路电流冲击。

综合化学、电气试验数据以及主变压器设备情况，决定对该变压器进行吊罩检查和处理。

4.2 罩吊芯检查

2011 年 4 月 13 日，对该主变压器进行了吊罩，重点检查了中压侧有载分接开关，结果如图 4 所示。

从图 4 可以看到，A 相静触头烧损严重，且有大量白色粉末散落在静触头附近，将分接开关调至位置 V 挡重新测试中压 A 相直流电阻，结果为开路。进一步查找故障原因，发现 35kV 侧流过持续时间超过 488ms 的故障电流，电流值约为 3400A，具体为 35kV 4×24 TV 穿屏套管处发生了相间短路。因此，推测相间短路为此变压器内

图 4　中压侧有载分接开关
A 相静触头照片及烧蚀位置

部故障以及轻瓦斯发信的直接原因。分析油中溶解气体含量异常的原因为静触头被严重烧损，动、静触头接触不良发生放电，导致油中乙炔和总烃含量快速增长。

4.3 结论

该变压器属于抗短路能力差的家族缺陷变压器，且未进行加固改造。抗短路能力不足应为该次事件的间接原因。查找运行历史发现，该变压器曾多次遭受近区短路，由于累积效应，使变压器抗短路能力严重下降，最终发生变压器损坏。

5 监督意见及要求

（1）主变压器一旦发生近区短路等故障，应立即停电对开展绕组变形、短路阻抗、局部放电、介质损耗及电容量测量、直流电阻测试、变压器油色谱等诊断试验并结合历史试验数据，综合分析，确定设备状况；当出现变压器绕组电容量或绕组直流电阻变化较大时，应进一步检查和处理。

（2）加强对主变压器近区设备及运行环境的综合治理，从根源上减少主变压器近区短路冲击的可能。

（3）积极开展同厂同型设备缺陷隐患排查，发现问题及时处理，防止事故发生。

报送人员：踪红飞、朱苗、贺小明、李毅、皮庆。
报送单位：国网湖南张家界供电公司。

110kV变压器硅钢片清洗不彻底导致色谱异常及瓦斯发信

监督专业：化学		监督手段：竣工验收	
发现环节：交接验收		问题来源：设备制造	

1　监督依据

Q/GDW 1168—2013《输变电设备状态检修试验规程》

2　违反条款

Q/GDW 1168—2013《输变电设备状态检修试验规程》第5.1.1.1条规定：乙炔≤5μL/L（注意值）；氢气≤150μL/L（注意值）；总烃≤150μL/L（注意值）。

3　案例简介

2014年12月初，某110kV变电站1号主变压器首次投运，投运24h后进行油中溶解气体分析，发现该变压器总烃329.94μL/L、乙炔7.12μL/L，均超注意值。12月10日，继续跟踪发现总烃1278.35μL/L、乙炔17.43μL/L、氢气231.47μL/L，气体增长迅速，同时主变压器频繁发出轻瓦斯告警信号。因此，立即停运该变压器，现场吊罩检查未发现异常。返厂解体检查发现，主变压器中铁心某级间硅钢片表面存在未清洗干净的漆膜酸，分析认为漆膜酸导致加工硅钢片时发生级间虚接，从而引起局部严重过热。将该变压器返厂检修，处理后试验正常，投入运行。

4　案例分析

4.1　试验数据分析

对变压器进行了油中溶解气体分析，分析结果如表1所示。根据三比值法进行计算，投运24h后的油中溶解气体分析故障编码组合为022，热点估算温度超过800℃，判断该变压器故障为高温过热。从油中溶解气体分析数据看出，局部放电试验后，油中一氧化碳、二氧化碳含量相对稳定，未出现明显增长，由此可以判断变压器故障涉及固体绝缘材料过热、放电的可能性不大，应属于油中裸金属过热。而该主变压器投运时尚未带负荷，为空载运行，排除变压器绕组过负荷导致过热的可能，初步诊断该故障为铁心或夹件部位的金属性过热。

该主变压器投运前各项交接试验均合格，局部放电试验合格，表明内部故障点应不在电气回路和主绝缘部分，因此故障原因可能为：①存在悬浮物在变压器内部油流作用下导致硅钢片间短路、铁心多点接地；②铁心穿芯螺栓、螺母、紧固螺栓等部件局部过热；③磁屏蔽绝缘破损或接触不良悬浮电位放电。具体故障位置与原因需进一步吊罩解体检查确认。

表1　　　　　　　　　　　主变压器油中溶解气体数据　　　　　　　　　（μL/L）

试验日期	气体含量							
	甲烷	乙烯	乙烷	乙炔	氢气	一氧化碳	二氧化碳	总烃
2014-9-27（混油前）	2.3	20.5	158.8	0.9	0	0	0	0.9
2014-9-27（补充油）	9.2	19.8	278.7	0.6	0	0	0	0.6
2014-10-16（混油后）	9.4	20.45	233.7	0.92	0	0	0	0.92
2014-11-11（局部放电后）	9.7	35.61	265.85	0.9	0	0	0	0.9
2014-11-20（投运前）	10	22.97	240.92	0.92	0	0	0	0.92
2014-12-9（投运24h）	68	39.2	266.07	120.44	180.53	21.85	7.12	329.94
2014-12-10（跟踪分析）	231	50.59	283.66	451.31	710.12	99.49	17.43	1278.35

4.2　吊罩检查

2014年12月20日，厂家对该主变压器进行了现场吊罩检查。发现变压器本体内部线圈、铁心及各夹件等元件无移位、绝缘破损、放电等异常情况，各部件压块紧实、绝缘件完好，现场吊罩检查情况如图1和图2所示。

图1　主变压器吊罩后绕组检查　　　　图2　主变压器吊罩后铁心检查

为保证安全，将该主变压器返厂解体检查，结果发现主变压器中铁心某级间硅钢片表面的漆膜未清洗干净。漆膜表面的残留物质可能导致加工该级间硅钢片时级间虚接，引起局部严重过热。局部放电交接试验时，由于耐压时间较短，产气量小，溶解气体含量较少，变压器未发现明显异常。但通电运行一段时间后，故障部位持续高温过热，产气速率大，总烃、乙炔和氢气均增长较快，导致油中溶解气体含量明显超标，并引起气体继电器轻瓦斯告警信号频发。

5　监督意见及要求

（1）加强新变压器制造和出厂验收阶段的质量监督，严格进行对关键工序、关键工艺控制点、出厂试验等的监督把关、尽量将缺陷隐患在出厂前发现并处理。

（2）加强新变压器的交接验收把关，严格执行耐压试验的旁站监督。

（3）加强主变压器油色谱跟踪分析，发现异常应及时汇报，及早跟踪处理，避免事故扩大。

报送人员：钟立新、朱悌峰、黄娟。

报送单位：国网湖南常德供电公司。

110kV 变压器油中铜离子超标导致绝缘下降

监督专业：化学　　　　　　　　监督手段：诊断试验
发现环节：运维检修　　　　　　问题来源：运维检修

1 监督依据

GB/T 7595—2008《运行中变压器油质量》
JB/T 501—2006《电力变压器试验导则》

2 违反条款

GB/T 7595—2008《运行中变压器油质量》第 4.4 条（表 1）规定：运行中变压器油质量，设备电压等级不大于 330kV 时，投入运行前的油介质损耗因数（90℃）不大于 0.010，运行中的油介质损耗因数（90℃）不大于 0.040。

JB/T 501—2006《电力变压器试验导则》第 6.3.7 条规定：在 10～40℃时，66kV 及以上的绕组 20℃时，介质损耗因数应不大于 0.8%。

3 案例简介

2015 年 5 月，对某 110kV 变电站 1 号主变压器检测油中铜离子含量，铜离子含量为 1.13mg/kg。2015 年 5 月 6 日检测发现绝缘油介质损耗因数为 1.016%，较 2012 年 11 月的检测结果（0.403%）明显增加。为防止绝缘进一步下降，保证主变压器安全运行，决定利用停电检修机会对绝缘油进行过滤处理。

4 案例分析

4.1 试验分析

（1）油中溶解气体分析和油质试验。2015 年 5 月 6 日，对 1 号主变压器的绝缘油进行了油质、油中溶解气体及介质损耗分析，油样介质损耗因数为 1.016%，数值较高，其余试验数据无异常。

同时，进行了铜离子含量检测，发现铜离子含量为 1.13mg/kg，可能会对主变压器本体绝缘产生不良影响，需要停电开展绝缘试验，进行绝缘水平评估。

（2）电气试验。5 月 30 日，试验人员对 1 号主变压器绕组连同套管绝缘电阻及电容量、介质损耗因数进行测量，试验数据分别如表 1 和表 2 所示。

查找 2008 年 6 月 17 日交接试验时试验数据，结果如表 3、表 4 所示。

表 1   变压器绕组绝缘电阻试验数据

试验部位	R_{15}（MΩ）	R_{15}（20℃，MΩ）	R_{60}（MΩ）	R_{60}（20℃，MΩ）	吸收比
高—中、低及地	3540	5522	4610	7191	1.303
中—高、低及地	1390	2168	2280	3556	1.637
低—高、中及地	1500	2340	3060	4773	2.309
铁心	—	—	3360	—	—
夹件	—	—	3540	—	—

表 2   油处理前主变压器绕组连同套管电容量和介质损耗因数试验数据

试验部位	$\tan\delta$（%）	$C_{上次}$（pF）	$C_{本次}$（pF）	$\dfrac{C_{本次}-C_{上次}}{C_{上次}}$（%）
高—中、低及地	0.26	12 720	12 620	−0.78
中—高、低及地	0.23	19 250	19 230	−0.1
低—高、中及地	0.36	18 370	18 330	−0.2

表 3   主变压器绕组绝缘电阻交接试验数据

试验部位	R_{15}（MΩ）	R_{15}（20℃，MΩ）	R_{60}（MΩ）	R_{60}（20℃，MΩ）	吸收比
高—中、低及地	5000	7810	7000	10 934	1.40
中—高、低及地	4500	7029	6500	10 153	1.44
低—高、中及地	4000	6248	6200	9685	1.55
铁心	—	—	2500	—	—
夹件	—	—	2500	—	—

表 4   主变压器绕组连同套管电容量和介质损耗因数交接试验数据

试验部位	$\tan\delta$（%）	$C_{本次}$（pF）
高—中、低及地	0.21	12 720
中—高、低及地	0.21	19 250
低—高、中及地	0.31	18 370

    2015 年 5 月底进行的例行试验和 2008 年 6 月进行的交接试验结果比较：①主变压器绕组连同套管电容量、介质损耗因数试验数据，无明显变化；②绕组连同套管的绝缘电阻有明显下降，高、中、低压绕组 60s 绝缘电阻折算至 20℃时与交接试验比较，分别下降了 34%、65%、50%，说明该变压器本体绝缘电阻已呈明显的下降趋势。

    由于仅油中铜离子含量较高，其余油化试验数据并无异常，推测铜离子含量高是影响主变压器本体绝缘的主要因素。为防止绝缘进一步下降，保证主变压器安全运行，决定对绝缘油进行过滤处理。

4.2 绝缘油吸附及钝化处理

    进行绝缘油吸附和钝化处理，绝缘油在吸附处理装置与主变压器之间先进行吸附处理，然后使用真空滤油机脱气处理，保证吸附和去除油中铜离子。

绝缘油处理流程按照图 1 进行，通过及时跟踪监测油中铜离子含量，确定吸附时间，保证绝缘油处理合格。

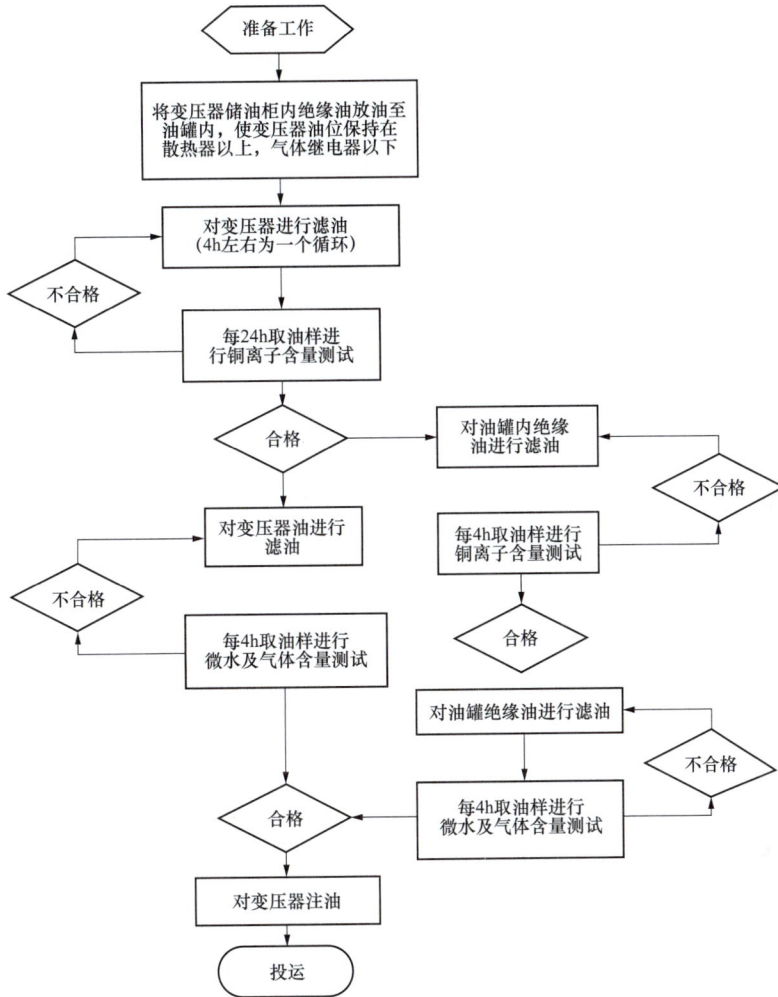

图 1 油处理流程示意图

4.3 处理结果

对处理后的绝缘油进行检测，发现油中铜离子含量已经由原来的 1.13mg/kg 下降到 0.1mg/kg，静置之后再次进行变压器绝缘试验，试验结果如表 5 和表 6 所示。

表 5 绝缘油处理后变压器绕组绝缘电阻试验数据

试验部位	R_{15} (MΩ)	R_{15} (20℃，MΩ)	R_{60} (MΩ)	R_{60} (20℃，MΩ)	R_{600} (MΩ)	R_{600} (20℃，MΩ)	吸收比	极化指数
高—中、低及地	5610	12 620	6860	15 430	1360	30 600	1.223	1.983
中—高、低及地	2390	5370	3550	7980	6640	14 900	1.487	1.87

试验部位	R_{15} (MΩ)	R_{15} (20℃, MΩ)	R_{60} (MΩ)	R_{60} (20℃, MΩ)	R_{600} (MΩ)	R_{600} (20℃, MΩ)	吸收比	极化指数
低—高、中及地	2180	4900	4360	9810	9310	20 950	2.005	2.135
铁心	—	—	1390	—	—	—	—	—
夹件	—	—	1790	—	—	—	—	—

表 6　　　　绝缘油处理后变压器绕组连同套管电容量和介质损耗因数试验数据

试验部位	tanδ（%）	$C_{上次}$（pF）	$C_{本次}$（pF）	$\dfrac{C_{本次}-C_{上次}}{C_{上次}}$（%）
高—中、低及地	0.262	12 720	12 660	−0.47
中—高、低及地	0.257	19 250	19 300	−0.26
低—高、中及地	0.402	18 370	18 430	−0.33

绝缘油吸附和钝化之后，该主变压器的绕组连同套管的绝缘电阻有明显上升。交接试验、油处理前后绝缘电阻对比数据如表 7 所示。试验数据均为 60s 时绝缘电阻，并已换算至 20℃。

表 7　　　　　　变压器绕组绝缘电阻试验数据对比

试验部位	交接试验（MΩ）	油处理前（MΩ）	较交接试验下降（%）	油处理后（MΩ）	较油处理前上升（%）
高—中、低及地	10 934	7191	34	15 430	114
中—高、低及地	10 153	3556	65	7980	124
低—高、中及地	9685	4773	50	9810	105

从表 7 可以看出，吸附和钝化处理之后，主变压器高、中、低压绕组的绝缘电阻与处理前比较分别上升了 114%、124%、105%，已超过或者接近交接试验时的绝缘水平，本体绝缘电阻已经恢复。因此，本次绝缘油吸附和钝化处理取得了预期效果。

5　监督意见及要求

（1）变压器油中铜离子含量升高会导致变压器绝缘电阻下降，危及设备的安全运行。因此，可以通过油中金属离子含量检测，及时发现因铜离子含量超标导致的绝缘问题。

（2）通过跟踪检测变压器油中铜离子含量变化趋势，分析油中铜离子含量来源，制定准确有效的检修策略并处理，保障主变压器的安全运行。

报送人员：贾晓慧、涂金元。
报送单位：国网湖南益阳供电公司。

110kV 变压器夹件多点接地导致油中溶解气体异常

监督专业：化学	监督手段：例行试验
发现环节：运维检修	问题来源：设备安装

1 监督依据

Q/GDW 1168—2013《输变电设备状态检修试验规程》

2 违反条款

Q/GDW 1168—2013《输变电设备状态检修试验规程》第5.1.1.1条（表2）规定：变压器油中溶解气体分析中总烃≤150μL/L（110kV）；氢气≤150μL/L（110kV及以上），变压器铁心接地电流测量（带电）≤100 mA（注意值）。

3 案例简介

2012年4月，某110kV变电站1号主变压器进行油中溶解气体分析时，发现总烃含量超过注意值。对试验数据分析比较，初步判定为高温过热性故障，结合电气试验诊断，变压器夹件可能存在多点接地故障。于是对变压器进行了吊罩检修，发现并处理了夹件接地故障，避免了主变压器损坏事件发生。

该变压器型号为SSZ10-Z60-20000/110，2001年9月出厂，2001年12月投运。

4 案例分析

4.1 试验分析

（1）油中溶解气体分析。2012年4月，油中溶解气体检测发现1号主变压器存在总烃超标的情况。根据试验结果，决定每周对变压器进行油中溶解气体跟踪分析。4～7月的检测数据见表1。

表1　　　　　变压器油中溶解气体含量跟踪试验数据　　　　　　（μL/L）

试验日期	氢气	甲烷	乙烯	乙烷	乙炔	一氧化碳	二氧化碳	总烃
2012-4-17	28.52	1065	3280	722	3.22	522.18	8027.67	5069.7
2012-4-27	136.91	1005	3187	627	3.11	1124.38	7352.58	4822.28
2012-5-15	136.05	1145	3601	560	2.47	1087	6653.66	5308.17
2012-5-28	117.01	951.2	3313	641	2.75	1137.68	7307.83	4907.49

试验日期	氢气	甲烷	乙烯	乙烷	乙炔	一氧化碳	二氧化碳	总烃
2012 - 6 - 6	124.29	981.2	3344	733	3.05	1208.95	8104.32	5060.81
2012 - 7 - 2	133.61	975.1	3181	676	2.75	1195.99	7968.82	4834.42

利用三比值法分析，主变压器可能存在高于700℃的高温过热故障。跟踪期间，特征气体含量没有明显变化，故障程度基本稳定，没有新故障叠加。

（2）电气试验分析。为进一步确定故障位点，对该主变压器进行了系列电气性能试验，试验结果见表2和表3。

表2 夹件接地电流试验数据

序号	负荷（kVA）	测试日期	测试值（A）
1	4500	2012 - 4 - 16	1.42
2	7200	2012 - 5 - 28	1.82

表3 绝缘电阻试验数据 （MΩ）

试验部位	铁心—地	夹件—地	铁心—夹件
绝缘电阻	1500	0	1500

从表2和表3的结果发现，夹件接地电流较大，超过了Q/GDW 1168—2013《输变电设备状态检修试验规程》中规定的接地电流要求值（不大于100mA），而绝缘电阻试验发现夹件对地是导通的。综合分析，该变压器可能存在多点接地及高温过热故障，接地点应在夹件部位，于是决定进行变压器吊罩检修。

4.2 解体检查

吊罩检查发现，该变压器的定位销并未拆除，定位销与夹件中的定位孔均存在明显的发热痕迹，如图1和图2所示。按照安装要求，该定位销应在变压器安装就位后拆除，但当时变压器的安装人员粗心大意，在现场安装时未拆除，造成变压器多点接地运行。吊罩检查结果与油中溶解气体故障分析结果一致。

图1 定位销照片　　　　　　　　图2 定位销在夹件中的定位孔

变压器运行时铁心及夹件只能一点接地，不允许有两点或多点接地。变压器多点接地会在接地点间形成回路，回路中的环流使铁心局部过热，造成变压器损耗增加甚至烧坏。过热还会因为温度升高使变压器绝缘油分解，产生溶解气体，导致变压器油绝缘性能下降。严重时可能导致气体继电器动作发信号，导致变压器跳闸。

4.3 解体检查

查明故障原因后，拆除了该定位销并进行滤油处理，复电后运行良好，跟踪油色谱数据，色谱数据见表4。经两个月的跟踪，变压器运行正常。

表4　　　　　　　　故障处理完两个月后的油中气体含量　　　　　　　（μL/L）

试验日期	氢气	甲烷	乙烯	乙烷	乙炔	一氧化碳	二氧化碳	总烃
2012 - 7 - 25	0	1.68	5	0.52	0	5.15	213.26	7.2
2012 - 8 - 2	0	3.22	12.35	0.92	0	13.86	286.62	16.49
2012 - 8 - 6	0	4.94	18.13	1.41	0.09	20.62	360.13	24.57
2012 - 8 - 12	0	6.93	23.93	1.94	0	36.24	502.96	32.8
2012 - 9 - 1	2.15	11.07	36.43	2.87	0.13	47.13	608.82	50.5

5　监督意见及要求

（1）油中溶解气体分析能有效发现设备中的潜伏性故障，且可以初步判断故障类型。发现油中溶解气体含量异常时，应及时分析判断，结合其他停电试验结果进行故障诊断，必要时进行吊罩检查和处理。

（2）变压器在制造及安装时，应严格按照工艺流程及标准进行，严格开展技术监督，防止遗留设备隐患，影响设备投运后的正常运行。

报送人员：夏莉君、邹旭鹏、袁睿、杨俊发。
报送单位：国网湖南永州供电公司。

110kV 变压器事故油池设计不满足反措要求

监督专业：环保　　　　监督手段：竣工验收
发现环节：运维检修　　问题来源：设备设计

1　监督依据

《中华人民共和国水污染防治法》（中华人民共和国主席令第87号）
DL/T 1050—2007《电力环境保护技术监督导则》
《国家电网公司水电厂重大反事故措施》（国家电网基建〔2015〕60号）

2　违反条款

（1）《中华人民共和国水污染防治法》（中华人民共和国主席令第87号）第四章第二十九条规定：禁止向水体排放油类、酸液、碱液或者剧毒废液。

（2）DL/T 1050—2007《电力环境保护技术监督导则》第6.1.3.6条规定：变电站事故油坑的设计应有确保防止油外渗的方案措施。

（3）《国家电网公司水电厂重大反事故措施》（国家电网基建〔2015〕60号）第18.3.2.1条规定：禁止向水体排放油类、酸液、碱液或剧毒废液。

3　案例简介

某水电厂安装有2台油浸式变压器，型号分别为S10-20000/121和S10-50000/110，单台储油量分别为9.7t和16t，储油量均超过了1t，按要求必须设置公共事故油池。但从建厂以来，该主变压器事故油池由于存在设计缺陷，无油水分离功能，事故时油池内浮油直排河道导致河流污染。

4　案例分析

4.1　现场查勘情况

该厂事故油池的宽×长×高为2.1m×4m×5.2m。事故油池的管道布置为：两台主变压器下面的储油坑分别用ϕ200mm无缝钢管与事故油池相连，排水排油管在油池的出口高程约▽140.4m；油池内安装ϕ200mm排水管，管口高程约▽140.2m，排水管直接通向机组尾水，下游的出口高程为▽137.5m；油池内长年积水高程▽140.2m，由主变压器储油坑流入事故油池的水或油若超过了▽140.2m高程将由管子溢出直接流入尾水。所以事故油池设计存在缺陷，无油水分离功能。

4.2　事故油池改造

（1）安装虹吸式油水分离装置。排水管直径ϕ200mm，水平段高程▽140.2m（即油池内平时液面高度），排水管、三通、阀门、法兰材质均为不锈钢，通气管突出地面50cm。改造方案如图1所示。

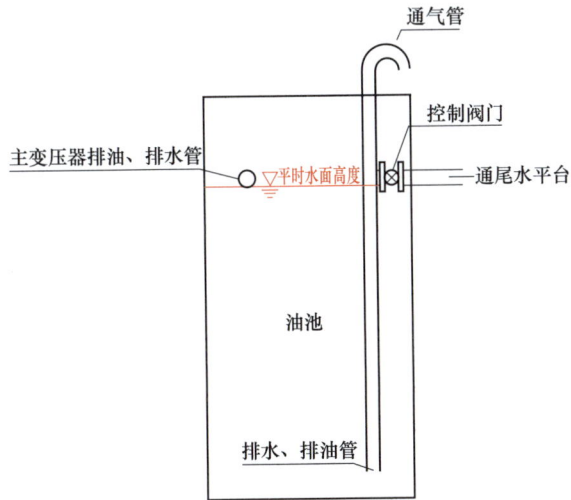

图1 安装虹吸式油水分离装置的事故油池改造方案图

考虑油池排油后的水深及油池内清理需要，需配备移动抽水设备，并配备液位控制器。

（2）更换油池内爬梯。材质要求为304不锈钢，爬梯高度5.5m，样式如图2所示。

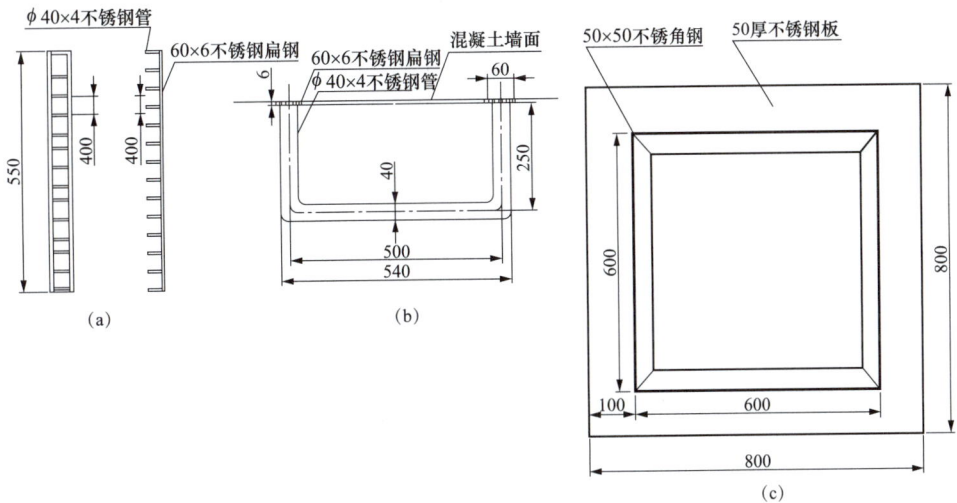

图2 事故油池内爬梯结构图及人孔盖板图（mm）

（a）事故油池爬梯正面及侧面图；（b）事故油池爬梯单阶详图；（c）事故油池人孔盖板制作图

（3）更换进人孔盖板。材质要求为304不锈钢，盖板长×宽为0.8m×0.8m，下面用50mm×50mm角钢加固，样式如图3所示。

（4）制作安装不锈钢栏杆。围绕进人孔和通气管做一圈不锈钢栏杆，并设置进人的小门，小门宽度 0.7m，栏杆总长度约 6m。

4.3 结论

（1）经现场设备调试，主变压器事故油池可正常发挥使用功能。

（2）根据液位仪检测的数据，及时收集事故油池内的浮油并移交给物质部门进行处理。

（3）含油污水收集设备平时应注意维修保养，使用时应保持正常运行。

（4）定期对主变压器事故油池废水采集水样进行检测。若外排废水检测数据出现超标，必须尽快查明原因并处理。

5 监督意见及要求

（1）环境保护技术监督工作必须坚持"预防为主，防治结合"的方针，不断推广环境保护新技术，提高监督水平。

（2）定期检查环保设施运行状态，责任落实到人，必要时进行维护，确保正常投运。

（3）加强隐患排查，落实责任，提高环保意识，及时发现设备隐患并处理。

报送人员：王军、马信龙。
报送单位：国网东江水力发电厂。

110kV 变压器安装工艺不良导致低压侧耐压击穿

监督专业：电气设备性能	监督手段：竣工验收
发现环节：竣工验收	问题来源：设备安装

1 监督依据

Q/GDW 1168—2013《输变电设备状态检修试验规程》

2 违反条款

Q/GDW 1168—2013《输变电设备状态检修试验规程》第 5.1.2.13 条规定：变压器外施耐压试验应无异常。分级绝缘变压器，仅对中性点和低压绕组进行；全绝缘变压器，对各绕组分别进行。耐受电压为出厂试验值的 80%，时间为 60s。

3 案例简介

某 110kV 电压等级变电站内 2 号主变压器于 2008 年 4 月出厂，型号为 SZ11-63000/110。2008 年 7 月，竣工验收过程中，低压侧耐压试验后击穿，油化色谱耐压前后合格并无明显变化，经吊芯检查，发现 B 相引线线圈引出部分与变压器的下夹件相碰。

4 案例分析

4.1 现场检查

主变压器耐压前低压侧的绝缘值为 7500MΩ，耐压后低压绝缘值为零，检查低压与铁心绝缘正常，检查低压与夹件间绝缘值为零，油化色谱耐压前后合格并无明显变化。

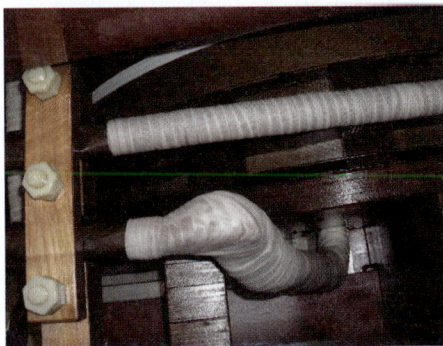

图 1 主变压器吊罩检查

初步怀疑低压侧引线与夹件间相碰所致，并在 2008 年 7 月 4 日拆除低压侧套管封板后检查套管的下引线接头，确认无异常。

4.2 解体检查

次日对主变压器进行吊罩检查，发现 B 相引线线圈引出部分与变压器的下夹件相碰，如图 1 所示。

将碰到夹件处绝缘纸拆除，发现碰接处绝缘纸有损伤裂口，并在裂口部位有放电痕迹。如图 2 所示。

4.3 原因分析

主变压器在出厂试验合格后二次吊罩落罩时，由于安装环节不到位，上节油箱与低压引下线相碰，造成了 B 相引出线与下夹件相碰，并有部分绝缘纸破损。现场试验后引起该处绝缘击穿。

4.4 缺陷处理

现场对低压引线进行复位并用绝缘夹板进行了加强，处理后绝缘正常。处理后状况如图 3 所示（低压引线与下铁夹件间距离恢复到 3cm），次日对主变压器进行了常规试验和耐压试验，结果合格。故障消除后，变压器投运正常。

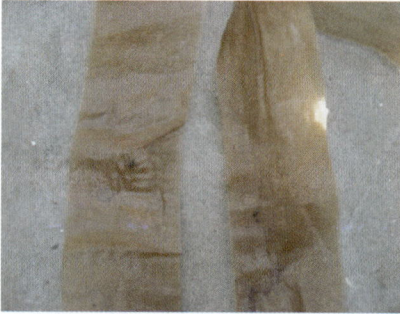

图 2　绝缘纸裂口处放电痕迹

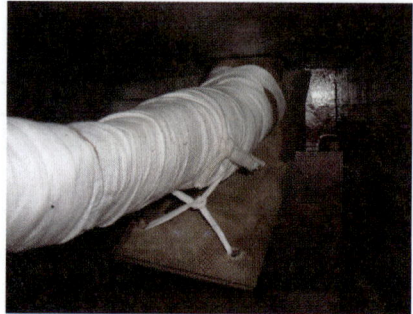

图 3　处理后图片

5　监督意见及要求

（1）变压器在竣工验收阶段进行交接试验时，应严格把关，在外施耐压试验时，如果出现异常声音、试验电压波动以及击穿等情况，必须确认异常原因，即使油色谱及其他试验合格也不能轻易放过异常现象。

（2）对交接试验中发现的安装问题，应组织分析，并通报相关设计生产厂家和建设安装单位，改进相关设计和安装工艺，避免今后发生类似故障。

报送人员：徐俊、朱叶叶。
报送单位：国网江苏苏州供电公司。

110kV 变压器蝶阀损坏导致油温偏高

监督专业：电气设备性能　　监督手段：专业巡视
发现环节：运维检修　　　　问题来源：设备制造

1　监督依据

Q/GDW 1168—2013《输变电设备状态检修试验规程》

2　违反条款

Q/GDW 1168—2013《输变电设备状态检修试验规程》第 5.1.1.1 条规定：巡检绕组和油温无异常。

3　案例简介

2015 年 7 月，某主变压器在 60％～70％额定负荷时顶层油温已达 92℃，超过了正常油温，无法带满负荷运行。当日环境温度为 35℃，负荷比为 23.55％。当天 19 点 45 分，主变压器最大负荷比为 69.34％。主变压器油色谱数据正常，经排查认定因蝶阀芯子损坏、蝶阀实际未开启，造成油路不通、散热效果不佳导致油温偏高。

变压器为型号为 SFZ‑31500/110，2010 年 1 月出厂，2010 年 5 月投运。

4　案例分析

4.1　红外测温检查及分析

现场排查发现散热片 80 蝶阀操作手柄均处于开启状态，1、2 号散热片表面温度明显比 3、4、5 号散热片高。对主变压器散热片、主变压器散热片侧 80 蝶阀及 150 蝶阀导油管内、外两侧分别进行了红外测温。

（1）对五组散热片检查分析。变压器散热片检查共 5 组，编号是正对高压侧从右往左，分别为 1～5 号散热片，红外测温结果如图 1 所示。由图 1 中可知，1、2 号散热片的最高温度分别为 61.7℃ 和 61.9℃。3、4、5 号散热片的温度分别为 35.3、34.1、36.4℃，与 1 号和 2 号散热片温度相差近 25℃。由此可以判断 1、2 号散热片内部油流通畅，而 3、4、5 号散热片温度接近户外温度，内部油流不通畅。

（2）散热片蝶阀检查分析。

每个蝶阀的红外测温结果如表 1 所示，根据表 1 结果可知 3 号散热片上蝶阀、4号散热片上蝶阀以及 5 号散热片下蝶阀两侧油路温差高达 12～15℃，初步怀疑蝶阀不通。

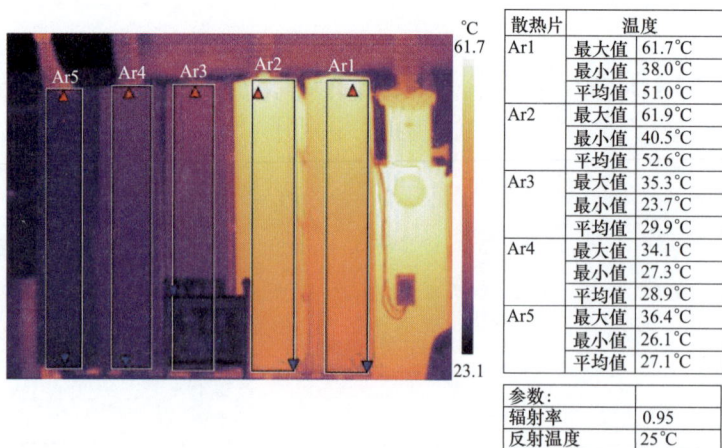

散热片	温度	
Ar1	最大值	61.7℃
	最小值	38.0℃
	平均值	51.0℃
Ar2	最大值	61.9℃
	最小值	40.5℃
	平均值	52.6℃
Ar3	最大值	35.3℃
	最小值	23.7℃
	平均值	29.9℃
Ar4	最大值	34.1℃
	最小值	27.3℃
	平均值	28.9℃
Ar5	最大值	36.4℃
	最小值	26.1℃
	平均值	27.1℃

参数：	
辐射率	0.95
反射温度	25℃

图 1　五组散热片红外测温结果

表 1　　　　　　　　　　　　　蝶阀的红外测温结果　　　　　　　　　　　　（℃）

最高位置	1号散热片		2号散热片		3号散热片		4号散热片		5号散热片	
	上蝶阀	下蝶阀	上蝶阀	下蝶阀	上蝶阀	下蝶阀	上蝶阀	下蝶阀	上蝶阀	下蝶阀
	外/内	外/内	外/内	外/内	外/内	外/内	外/内	外/内	外/内	外/内
温度	66.0/61.3	47.3/45.4	65.1/64.1	50.8/49.8	45.4/60.0	39.4/44.5	43.2/55.5	38.4/44.2	48.3/56.1	31.6/45.4
温差	4.7	1.9	1	1	14.6	0.9	12.3	5.8	7.8	13.8

（3）对二组 DN150 管检查分析（连接油箱和汇流管之间上部二根、下部二根）。红外测温结果如图 2 所示，DN 150 管法兰、蝶阀两端油路通畅。

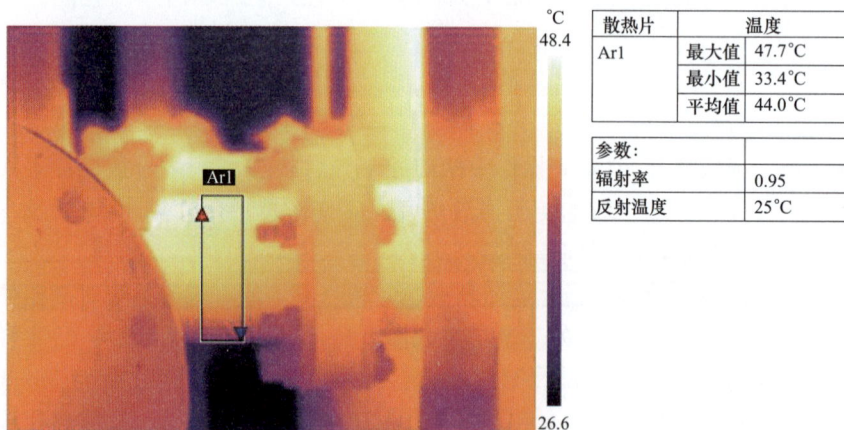

散热片	温度	
Ar1	最大值	47.7℃
	最小值	33.4℃
	平均值	44.0℃

参数：	
辐射率	0.95
反射温度	25℃

图 2　DN150 管红外测温结果

4.2　停电检查分析

2015 年 7 月，试验人员对主变压器进行停电检查，检查时发现 3、4 号散热片上部 80 蝶阀、5 号散热片下部 80 蝶阀实际操作手柄指示位置为打开（见图 3），然而内部阀门并未开启（见图4），现场判定阀门开关损坏。这就导致主变压器本体油无法通过3、4、5号散热片进行油循环，起不到散热效果，检查情况与红外测温结果相吻合。同时其他散热片80蝶阀（包括主变压器本体上部两只150蝶阀）由于使用时间较长，也存在不同情况机械卡涩。

图3　蝶阀手柄指示位置

图4　蝶阀内部阀门未开启

4.3　缺陷处理

（1）临时措施。主变压器散热片安装在高压侧，高压A相侧有两台风扇，高压C相侧无风扇，在高压C相侧散热片上加设两台风扇作为临时措施，如图5所示，提高散热效果。

（2）处理措施。全面更换故障蝶阀及卡涩蝶阀，主变压器投运后油温正常，故障消除。

图5　临时散热措施（加设两台风扇）

5　监督意见及要求

（1）红外精确测温能够直观地发现散热器是否正常、油位是否正常以及是否存在漏磁发热等情况，因此在开展变压器红外精确测温时，除了导电回路外，还应关注散热器、储油柜、本体外壳等部位情况。

（2）当发现变压器存在蝶阀故障时，应对同一台变压器其余蝶阀也进行机械动作性能检测，若存在卡涩现象，应进行更换。

（3）开展同厂家生产的同批次变压器散热装置故障排查，发现异常及时处理。

报送人员：高崎、宣菊官。

报送单位：国网江苏苏州供电公司。

110kV 变压器运输中铁心变形导致绝缘试验击穿

| 监督专业：电气设备性能 | 监督手段：诊断试验 |
| 发现环节：竣工验收 | 问题来源：设备运输 |

1 监督依据

Q/GDW 1168—2013《输变电设备状态检修试验规程》

《国家电网公司十八项电网重大反事故措施（修订版）》（国家电网生〔2012〕352 号）

2 违反条款

Q/GDW 1168—2013《输变电设备状态检修试验规程》第 5.1.2.13 条规定：变压器外施耐压试验应无异常。分级绝缘变压器，仅对中性点和低压绕组进行；全绝缘变压器，对各绕组分别进行。耐受电压为出厂试验值的 80%，时间为 60s。

《国家电网公司十八项电网重大反事故措施（修订版）》（国家电网生〔2012〕352号）第 9.2.2.6 条规定：110（66）kV 及以上变压器在运输过程中应按照相应规范安装具有时标且有合适量程的三维冲击记录仪。主变压器就位后，制造厂、运输部门、用户三方人员应共同验收，记录纸和押运记录应提供用户留存。

3 案例简介

2006 年 1 月，某 110kV 变压器进行交接试验，在耐压试验过程中出现 110kV 侧击穿。经厂家人员解体排查，发现铁心夹件在运输过程中损坏，并引起铁心形变，导致变压器在耐压试验中出现击穿。

4 案例分析

4.1 交接试验

进行现场交接试验。当 110kV 侧电压升到 50、118kV 时击穿，进行第三次耐压试验，电压升到 120kV、1min，试验通过；35kV 侧电压升到 30、50kV 时击穿，进行第三次耐压试验，电压升到 72kV、1min，试验通过。该台主变压器于 2002 年生产，由于种种原因，该产品生产好以后一直放在厂内，2004 年 5 月运到该变电站，2006 年 1 月更换该 110kV 变电站内发生事故的 2 号主变压器。

4.2 吊罩检查

为查明放电点及放电原因，对该变压器进行了现场吊罩检查。吊罩后，发现铁心上夹件已松动（见图 1），2 只 $\phi20$mm 螺栓螺纹受损（见图 2），铁心严重弯曲（见图 3），发现有载开关侧高压绕组与中相高压绕组三处白纱带上有烧坏痕迹，有载开关中轴圆弧触头及动、静触头有大面积黑斑，有载开关多次动作后黑斑有几片脱落。

图1　夹件松动　　　　　图2　螺栓螺纹受损　　　　　图3　铁心弯曲

4.3　原因分析

主变压器在出厂运输到变电站过程中，由于路途颠簸且金属夹件强度不足等原因，造成铁心夹件的松动和弯曲，导致铁心发生严重形变，使变压器内部存在绝缘薄弱点，最终引起了变压器的高、中压侧绕组在交接试验的耐压试验中均出现了击穿现象。

4.4　缺陷处理

将变压器返厂，对铁心重新紧固，更换强度更高的螺栓和金属夹件。随后进行出厂试验，结果正常。

5　监督意见及要求

（1）变压器生产厂家应加强设计及部件材质检测把关。

（2）生产厂家在进行变压器设计时，应留有充分的机械和绝缘裕度，防止变压器在出厂、运输、安装及运维过程中的损坏。

（3）变压器在运输过程中，应安装三维冲击记录仪防止变压器在运输过程中，由于路途颠簸而导致冲撞损坏。

报送人员：高崎、曹永源。
报送单位：国网江苏苏州供电公司。

110kV 变压器本体漏磁导致短接排异常发热

监督专业：电气设备性能　　　　监督手段：带电检测
发现环节：运维检修　　　　　　问题来源：设备制造

1 监督依据

DL/T 664—2008《带电设备红外诊断应用规范》

Q/GDW 1168—2013《输变电设备状态检修试验规程》

2 违反条款

（1）DL/T 664—2008《带电设备红外诊断应用规范》附录 A 规定：电流致热型设备热点绝对温度大于 90℃定性为严重缺陷，热点绝对温度大于 110℃定性为危急缺陷。

（2）Q/GDW 1168—2013《输变电设备状态检修试验规程》第 5.1.1.3 条规定：检测变压器箱体、储油柜、套管、引线接头及电缆等，红外热像图显示应无异常温升、温差和/或相对温差。检测和分析方法参考 DL/T 664—2008。

3 案例简介

防冻融冰期间，技术监督人员对某 110kV 变电站开展红外成像特巡工作，发现110kV 1 号主变压器上、下油箱的两处连接排发热（可见光照片如图 1 所示）。

4 案例分析

4.1 带电检测

通过红外测温发现，3-4 号散热片下部连接排的上部及下部的最高热点温度分别为81、107℃（红外图谱如图 2、图 3 所示），10-11 号散热片下部连接排的上部及下部的最高热点温度为 55、68℃（红外图谱如图4、图 5 所示），另外两处连接排温度正常。

图 1　1 号主变压器上、下油箱
连接排可见光照片

1 号主变压器有功功率为 37MW，无功功率为 1Mvar，本体油温为 37℃，环境温度为 3℃。

初步诊断为由于变压器漏磁引起环流过大，导致连接片发热，随后对该主变压器红外缺陷进行复测及诊断。其中，红外检测结果和 2016 年 1 月 20 日检测结果相比无明显差异，连接排发热部位的电流非常大，主变压器四处上、下油箱连接片电流如图6所示。

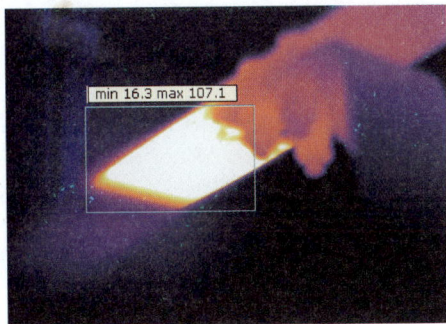

图2　3-4号散热片下的连接片
（下部）红外图谱

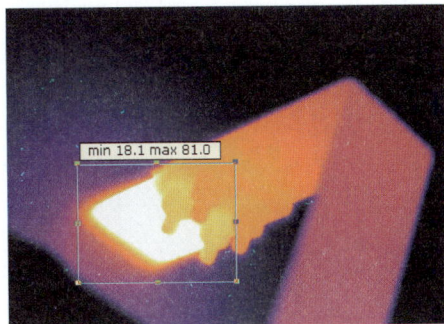

图3　3-4号散热片下的连接片
（上部）红外图谱

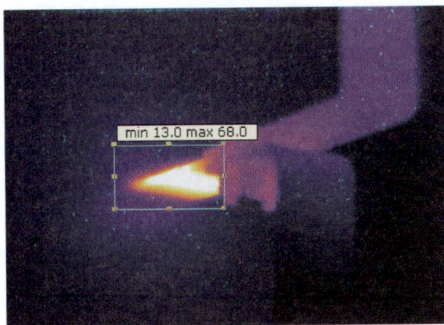

图4　10-11号散热片下的连接片
（下部）红外图谱

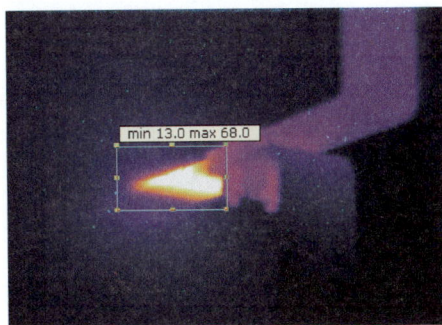

图5　10-11号散热片下的连接片
（上部）红外图谱

4.2　缺陷处理

检修人员对1号主变压器接地连接排红外发热缺陷提出了3种解决方案：①考虑变压器有四处上、下油箱连接排，对发热最严重的一处连接排拆除上半部分，破坏由于漏磁导致的环流通道；②在发热最严重的连接排新增并联支路，减少流过发热连接排的电流，进而降低发热温度；③对上、下油箱连接螺栓进行紧固，或将连接螺栓更换为小阻值螺栓，设法使更多的漏磁从螺栓通过，减小通过上、下油箱连接排的电流，进而达到降低温度的目的。

通过综合比较，方案①消缺难度系数、安全系数最小。于是检修人员对3-4号散热片下的变压器上、下油箱连接排的上半段进行了拆除（见图7），保留了下油箱的外壳接地连接排，并对该变压器进行了红外测温及接地扁铁电流测量。经过现场检测，原红外发热最严重的3-4号散热片下的变压器下油箱接地连接排红外测温结果正常（见图8、图9）。10-11号散热片下的变压器上、下油箱连接排发热温度也较处理前大大降低，电流也大大降低（见图10、图11）。另外两处上、下油箱连接排电流有所增大，红外检测正常，其他未见明显发热缺陷。

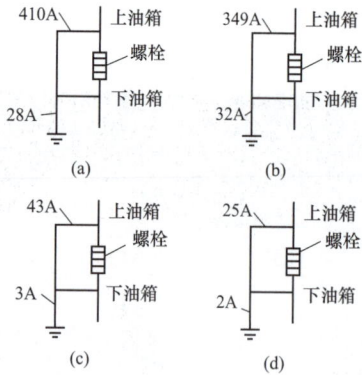

图6　1号主变压器上、下油箱
连接排电流测量结果

（a）3-4号散热片下；（b）10-11号散热片下；
（c）呼吸器附近；（d）调压开关附近

图7　1号主变压器3-4号散热片下的
上油箱接地连接排拆除图

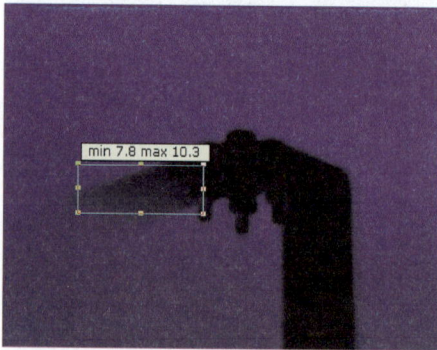

图8　3-4号散热片下的连接片（下部）
红外图谱

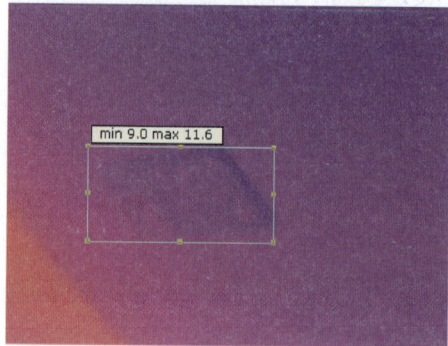

图9　3-4号散热片下的连接片（上部）
红外图谱

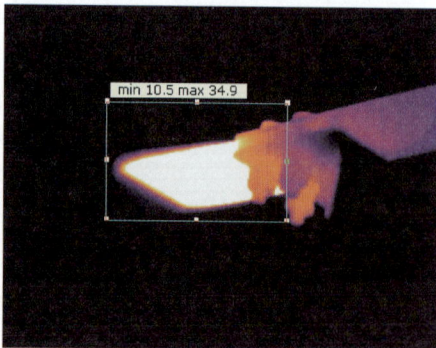

图10　10-11号散热片下的连接片（下部）
红外图谱

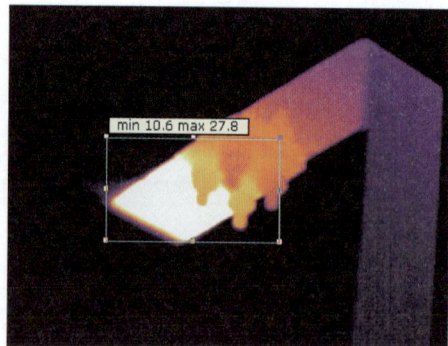

图11　10-11号散热片下的连接片（上部）
红外图谱

4.3　总结

大型变压器运行时的电流极大，漏磁场也很强，会使铁磁材料制成的构件发热，从而引起变压器的局部过热。所以，大型变压器必须在结构上设法降低附加铁损。经常采用的方法有：在油箱的内壁装设屏蔽，用铝板做成的屏蔽为反磁的电屏蔽，用硅钢片制成的屏蔽为磁屏蔽，二种方式都能起到大大降低附加铁损的作用；另外，铁心应尽量采用非磁性材料绑扎和加固，一些金属部件（如压圈等）应采用非磁性材料制成。

主变压器内部的电屏蔽及磁屏蔽阻止漏磁通性能不佳，存在较大漏磁通。变压器漏磁通过油箱壁、上/下油箱接合面的螺栓、连接排形成回路，在上、下油箱接合面上产生感应电势，感应电势虽小，但在低电阻导体上产生的电流却很大。此外，上、下油箱连接排与变压器外壳构成了一个封闭回路，漏磁通在封闭回路中会产生环流，进而造成连接排发热。

由于本台主变压器有四处上、下油箱连接排，通过拆除3-4号散热片下的上部油箱连接排，破坏了封闭回路，从而避免产生因环流导致的发热现象，也不影响变压器外壳接地。拆除3-4号散热片下的上部油箱连接排也破坏了漏磁通原有的路径，导致处于对称位置上的10-11号散热片下的上、下油箱连接排磁通减小，进而发热温度降低。变压器外壳的涡流通过上、下油箱连接排，螺栓入地。拆除3-4号散热片下的上部油箱连接排，导致另外两处上、下油箱连接排分流增加，因此电流测量的结果比未消缺前增加。

5 监督意见及要求

（1）加强变压器漏磁所导致红外发热检测。漏磁通会导致变压器局部过热，使变压器的热性能变坏，最终导致绝缘材料的热老化与击穿。

（2）变压器厂应加强磁屏蔽设计，尽量避免漏磁缺陷影响设备性能。

（3）设备投运后如发现漏磁导致的发热缺陷，可采取改变磁路等措施进行治理。如果缺陷依然存在变压器应返厂处理。

报送人员：王伟、孙泽文、李欣、陈功。
报送单位：国网湖南长沙供电公司。

110kV 变压器高压套管将军帽 T 型定位螺帽装反导致异常发热

监督专业：电气设备性能	监督手段：带电检测
发现环节：运维检修	问题来源：设备安装

1 监督依据

DL/T 664—2008《带电设备红外诊断应用规范》

Q/GDW 1168—2013《输变电设备状态检修试验规程》

2 违反条款

（1）DL/T 644—2008《带电设备红外诊断应用规范》附录 A 表 A.1 规定：套管柱头热点温度＞55℃或 $\delta\geqslant80\%$，判断为严重缺陷。

（2）Q/GDW 1168—2013《输变电设备状态检修试验规程》第 5.7.1.3 条规定：检测套管本体、引线接头等，红外热像图显示应无异常温升、温差和/或相对温差。

3 案例简介

2016 年 02 月，运维人员在对某 110kV 变电站进行红外热像检测时发现 2 号主变压器高压侧 C 相套管将军帽与导电杆抱箍处发热，最高热点温度 53.4℃，相同部位 A 相 18.6℃、B 相 17.5℃，温升超过 15℃，相对温差 87.8%。根据 DL/T 664—2008《带电设备红外诊断应用规范》可知，该情况属于电流致热型严重缺陷。检修人员对套管将军帽进行了检查处理后，投入正常运行。

套管型号：BRLW‑110/630‑3，生产厂家：南京雷电有限责任公司，投运时间为 2003 年 11 月 1 日。

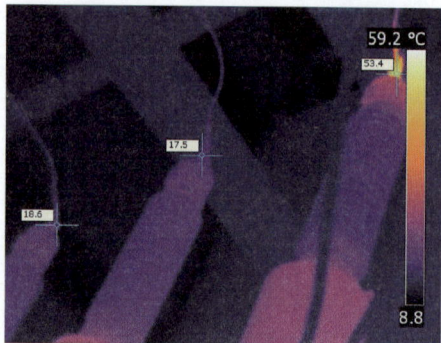

图 1　1 号主变压器高压套管红外热像图

4 案例分析

4.1 红外图谱分析

红外测温检查结果如图 1 所示，分析图 1 红外图谱，发现套管发热位置位于将军帽内部，初步怀疑是将军帽内部 T 型定位螺帽松动或者 T 型定位螺帽装反导致接触不良，需进一步检查诊断。

4.2 现场处理经过

检修人员对 1 号主变压器 C 相套管进行检

修消缺工作。处理前对绕组连同将军帽进行了直流电阻测试，试验结果如表1所示。由表中结果可知，虽然直流电阻相间差未超标，但是非常接近标准要求值20%，不排除套管将军帽有问题。

表1　　　　　　　　　绕组连同将军帽直流电阻测试结果

(温度12℃，上层油温：20℃)

高压侧挡位 （MΩ）	A相绕组及将军帽 直流电阻（MΩ）	B相绕组及将军帽 直流电阻（MΩ）	C相绕组及将军帽 直流电阻（MΩ）	相间差（%）	
4	0.3427	0.3445	0.3486	1.71	
使用仪器	直阻测试仪 JYR-40			仪器编号	#01061122
结果分析	C相绕组连同将军帽直流电阻明显大于A、B两相				

测试完毕后，拆下C相套管将军帽，检查发现导电杆定位的T型定位螺帽装反。由于T型定位螺帽装反，使得将军帽与T型定位螺帽接触面不足，随着运行时间的增长，接触面氧化，接触电阻增大，从而导致发热。将T型定位螺帽取下后，对其接触面进行打磨，涂抹导电膏，然后调换T型定位螺帽顺序，将圆的一面与将军帽接触，将将军帽复装好。同时，将A、B两相将军帽打开，对A、B两相进行检查，发现T型定位螺帽安装正确。

处理完毕后，再次对绕组连同将军帽进行了直流电阻测试，试验结果如表2所示。

表2　　　　　　　处理后绕组连同将军帽直流电阻测试结果

高压侧挡位	A相绕组及将军帽 直流电阻（MΩ）	B相绕组及将军帽 直流电阻（MΩ）	C相绕组及将军帽 直流电阻（MΩ）	相间差（%）	
4	0.3427	0.3445	0.3444	0.52	
使用仪器	直阻测试仪 JYR-40			仪器编号	#01061122
结果分析	处理以后发现，C相绕组与将军帽直流电阻明显降低（恢复正常）				

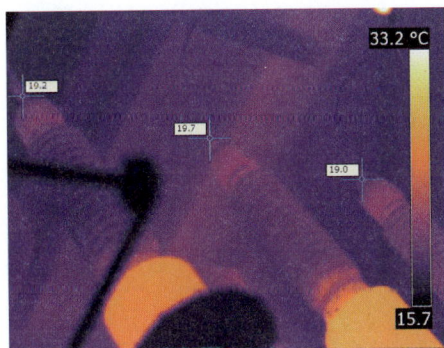

图2　主变压器高压套管红外热像复测图

设备送电以后，对其进行红外热像复测，复测图如图2所示三相温度为A相19.2℃、B相19.7℃、C相19℃，红外成像检测结果正常。

4.3　结果分析

由于厂家安装变压器套管时，将主变压器高压套管内T型定位螺帽装反，使得将军帽与T型定位螺帽接触面不足。当主变压器运行一定时间后，接触面氧化，导致接触电阻增大，从而引起设备异常发热。

5　监督意见及要求

（1）加强主变压器套管红外精确测温，重点观察引线连接部位、套管油位。对发热严重的套管及时进行停电处理。

（2）对该类型变压器套管，如发生同类型发热缺陷，或者在停电试验时发现直流电阻增大，应重点检查将军帽内部 T 型定位螺帽是否存在松动或者装反情况，一旦发现问题立即进行处理。

报送人员：曹剑、张德、陈佳、罗慧卉、邹磊。

报送单位：国网湖南长沙供电公司。

第**4**章

电抗器技术监督典型案例

±500kV平波电抗器运输冲撞导致夹件多点接地

监督专业：电气设备性能	监督手段：例行试验
发现环节：运维检修	问题来源：设备制造、设备运输

1 监督依据

Q/GDW 1168—2013《输变电设备状态检修试验规程》

GB 50148—2010《电气装置安装工程 电力变压器、油浸电抗器、互感器施工及验收规范》

2 违反条款

(1) Q/GDW 1168—2013《输变电设备状态检修试验规程》第6.2.1条规定：铁心绝缘电阻不小于100MΩ（新投运1000MΩ，为注意值）；绝缘电阻测量采用2500V（老旧变压器1000V）绝缘电阻表。除注意绝缘电阻的大小外，要特别注意绝缘电阻的变化趋势。夹件引出接地的，应分别测量铁心对夹件及夹件对地的绝缘电阻。

(2) GB 50148—2010《电气装置安装工程 电力变压器、油浸电抗器、互感器施工及验收规范》第4.1.3条规定：变压器、电抗器在装卸和运输过程中，不应有严重冲击和振动。电压在220kV及以上且容易在150MVA及以上的变压器和电压为330kV及以上的电抗器均应装设三维冲击记录仪。冲击后值应符合制造厂及合同的规定。

3 案例简介

2007年7月，对某±500kV换流站极Ⅰ平波电抗器进行例行试验，发现夹件对地绝缘电阻为0.01MΩ，其余试验项目合格，怀疑该平波电抗器内部夹件多点接地。进入检查发现，阀侧夹件上部网侧套管引线上方定位点与夹件之间绝缘件损坏，导致夹件对地导通。绝缘件损坏原因为运输过程中遭受强大外力冲击。处理后，设备各项试验数据恢复正常。平波电抗器型号为XDN146DR。

4 案例分析

4.1 试验分析

试验人员在对某换流站极Ⅰ平波电抗器进行例行试验时，发现夹件对地绝缘电阻为0.01MΩ，查阅该平波电抗器出厂及交接试验报告均无异常，外观检查无异常，根据现场试验结果，初步怀疑该平波电抗器内部夹件存在多点接地。

4.2　内部检查

将该平波电抗器排油并进行检修。解开平波电抗器内部阀侧夹件和网侧夹件连接，分别测量两侧夹件对地绝缘电阻，发现阀侧夹件对地绝缘不合格，绝缘电阻为0.06MΩ。解开阀侧上、下夹件之间的连接，分别测试上、下夹件对地绝缘电阻，发现下夹件对地绝缘电阻仅为17.3kΩ。因此初步断定夹件对地绝缘故障点位于阀侧下夹件部分。

在拆除阀侧夹件上部网侧套管引线上方定位点时，发现夹件与定位点之间的绝缘垫板上有黑色脏污痕迹，如图1所示。对故障点清污后，使用合格的绝缘油进行冲洗，随后进行阀侧夹件对地绝缘电阻测量，绝缘电阻值由处理前的17.3kΩ上升至8.2GΩ。初步分析该点，可能就是阀侧夹件对地绝缘故障点。

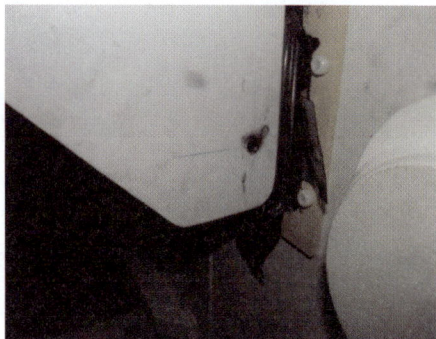

图1　阀侧夹件对地绝缘故障点

拆除定位点与夹件之间的压紧片，检查绝缘垫板并进行绝缘恢复处理。在拆除的过程中发现，定位点上装配的羊毛毡绝缘衬垫已老化损坏（见图2），且夹件绝缘垫板上有大量的羊毛毡残存污物（见图3）。拆除定位点的压紧片后，再次进行夹件绝缘电阻测量，绝缘电阻上升至150GΩ，进一步确定了故障点。

图2　羊毛毡绝缘衬垫老化

图3　绝缘垫板上羊毛毡残存污物

在进入检查时，还发现内部定位部件存在一定程度偏移（见图4、图5），怀疑设备在运输过程中遭受冲撞。查询设备的运输安装记录，确认新品在运输途中或安装就位时受到过较强的冲击。冲击导致内部部件发生偏移，使得夹件与定位点之间的绝缘遭受挤压而破损形成接地点。

4.3　故障处理

使用专用的绝缘纸板对该处绝缘进行修复，在夹件绝缘垫块上垫入数层绝缘纸板，再装上压紧片。对垫入的绝缘纸板使用专用绝缘绳进行固定，恢复后的定位点与夹件之间的连接如图6、图7所示。

图 4 夹件下部定位件偏移（阀侧）

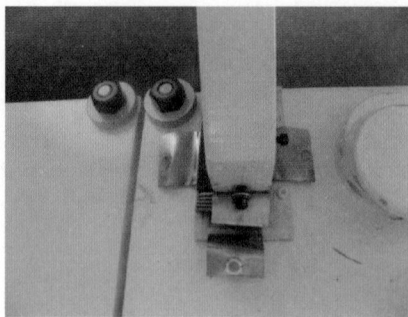

图 5 夹件上部定位件偏移（阀侧）

图 6 恢复后的定位点与夹件之间连接

图 7 定位点与夹件之间加入绝缘纸板

修复该定位点与夹件之间的连接后，再次进行绝缘电阻测量，阀侧夹件对地绝缘电阻值为 140GΩ。其后，对已拆开的连接点一一进行仔细检查并恢复，对羊毛毡存在老化现象的连接点进行更换。最后，恢复网侧、阀侧夹件与箱体接地点之间的连接，对夹件整体进行对地绝缘电阻测量，绝缘电阻值为 117GΩ，至此平波电抗器阀侧夹件对地绝缘已完全恢复。

5 监督意见及要求

（1）油浸式变压器类设备在运输和就位过程中，必须严格按照 GB 50148—2010《电气装置安装工程 电力变压器、油浸电抗器、互感器施工及验收规范》第 4.5.7 条款规定，重点检查三维冲撞记录仪的记录结果，一旦出现冲撞值异常的情况，应立即检查处理，情况严重者返厂检修。

（2）加强设备监造验收和运行维护，开展铁心、夹件绝缘电阻及铁心接地电流测量，一旦发现设备隐患及早进行处理。

（3）设备到货后，应加强验收把关，严格检查设备运输记录，确保设备投运后安全运行。

报送人员：彭平。

报送单位：国网湖南电力科学研究院。

500kV 电抗器制造工艺不良导致铁心及夹件短路

监督专业：电气设备性能　　监督手段：例行试验
发现环节：运维检修　　　　问题来源：设备制造

1 监督依据

Q/GDW 1168—2013《输变电设备状态检修试验规程》

2 违反条款

(1) Q/GDW 1168—2013《输变电设备状态检修试验规程》第 5.1.1.1 条规定：铁心绝缘电阻不小于 100MΩ（新投运 1000MΩ，注意值）。

(2) Q/GDW 1168—2013《输变电设备状态检修试验规程》第 5.1.1.7 条规定：铁心绝缘电阻的绝缘电阻测量采用 2500V（老旧变压器 1000V）绝缘电阻表。除注意绝缘电阻的大小外，要特别注意绝缘电阻的变化趋势。夹件引出接地的，应分别测量铁心对夹件及夹件对地的绝缘电阻。

3 案例简介

2012 年 5 月，试验人员对某 500kV 变电站高压电抗器进行停电例行试验，电抗器铁心对夹件及地、夹件对铁心及地的绝缘电阻均为零。解体检查发现，电抗器内部有一长约为 5cm 的金属铁质残留物，造成铁心与夹件短路。处理后，设备各项试验数据恢复正常。

高压电抗器型号为 BKDZ‐40000/550‐66，出厂时间为 2008 年 9 月，投运时间为 2010 年 4 月。

4 案例分析

4.1 现场检查

铁心与夹件之间绝缘电阻为零，但铁心和夹件对地绝缘均正常（绝缘电阻分别为 1620MΩ 和 1540MΩ），其余试验项目结果均合格。综合分析，怀疑该高压电抗器内部铁心与夹件之间绝缘破损，导致铁心与夹件短路。

检修人员将该电抗器放油至电抗器升高座下部，将电抗器顶部铁心、夹件套管取出对其引下线及电抗器上部内绝缘件进行检查，未发现缺陷。随后将该电抗器全部放油，打开电抗器端盖进入其内部进行检查，发现电抗器内部中间上托梁运输定位件固定用螺孔（见图 1）中留有一片长度约 5cm 的金属铁质残留物（见图 2），将铁心与夹件短接，如图 1、图 2 所示。

图 1　高压电抗器内部上托梁定位孔　　　图 2　引起铁心、夹件短路的铁屑

分析认为，金属铁质残留物是造成该电抗器铁心与夹件绝缘电阻降低的直接原因。电抗器在制造过程中残留金属铁质残留物，在电抗器运行过程中，由于油流循环、器身振动等原因使金属铁质残留物的位置发生变化，最终造成铁心、夹件完全短路。

4.2　故障处理

检修人员对电抗器内部进行了全面的检查清理，在铁心与夹件之间的绝缘试验数据恢复正常后。再对该电抗器按照抽真空注油、热油循环、静置的流程对进行了处理，并进行了全面的性能检测试验，各项数据均合格后，电抗器恢复正常运行。

5　监督意见及要求

（1）加强高压电抗器驻厂监造，严把质量制造关，防止设备出现先天不足。

（2）认真开展设备停电例行试验，发现异常问题，应全面开展诊断分析并及时处理，确保设备安全运行。

报送人员：张进、张国旗、邓维、刘要峰。

报送单位：国网湖南检修公司。

第5章

电流互感器技术监督典型案例

500kV SF₆电流互感器制造工艺不良导致内部放电

监督专业：电气设备性能	监督手段：故障调查
发现环节：运维检修	问题来源：设备制造

1 监督依据

Q/GDW 1168—2013《输变电设备状态检修试验规程》

2 违反条款

Q/GDW 1168—2013《输变电设备状态检修试验规程》第 8.2 条规定：SF_6 气体成分分析杂质组分 SO_2、H_2S 的单体含量不大于 $1\mu L/L$。

3 案例简介

2013 年 4 月，某 500kV 变电站 5012B 相、5022C 相、5053A 相电流互感器相继发生故障，故障后 SF_6 气体分解产物含量异常。经返厂检查，发现其制造工艺不能满足设计要求。建议对该批次互感器进行更换。

该互感器型号为 SAS550，2006 年 7 月出厂，2007 年 6 月投运。

4 案例分析

4.1 历史运行情况

5012B 相、5022C 相、5053A 相电流互感器最近一次（2011 年 7 月）绕组绝缘试验及 SF_6 气体成分分析、湿度检测结果均正常。

4.2 现场检查与试验

故障发生后，相关专业人员对跳闸后一次设备状况进行了分析和检查。

试验人员对 5012 B 相、5022 C 相、5053 A 相电流互感器进行 SF_6 气体分解产物分析试验，试验数据如表 1 所示。SF_6 气体中 SO_2 和 H_2S 气体含量超标。

表 1　　　　　　　　　　　SF₆气体分解产物分析试验数据

设备名称	试验日期	相序	湿度（$\mu L/L$）	SO_2（$\mu L/L$）	H_2S（$\mu L/L$）	结论	备注
	2011 - 7 - 6	B	125	0.0	0.0	合格	
5012TA	2013 - 4 - 30	B	751	305.2	29.2	不合格	故障后
	2013 - 5 - 2	B	260	136	0	不合格	

设备名称	试验日期	相序	湿度（μL/L）	SO_2（μL/L）	H_2S（μL/L）	结论	备注
5022TA	2011 - 7 - 6	C	114	0.0	0.0	合格	
	2013 - 4 - 30	C	1032	303.4	137.7	不合格	故障后
	2013 - 5 - 2	C	364	146	33	不合格	
5053TA	2011 - 7 - 6	A	162	0.0	0.0	合格	
	2013 - 4 - 30	A	152	148.8	0	不合格	故障后

4.3 返厂检查情况

（1）SAS550 型电流互感器结构示意图如图 1 所示。

结构说明：多个二次绕组同心置于铝罩壳内，外部罩上铝合金外壳，一次导电杆从二次组件中心穿过，整个头部安装在复合绝缘套管上部（该套管采用玻璃钢筒外侧浇注液态硅橡胶伞裙制成），二次引线穿过引线管接到底座上的二次接线盒。在引线管上部套装电容屏，以改善高、低压间的电压分布，该电容屏材料为粘胶薄膜和铝箔，引线管内部充 SF_6 气体。

（2）SF_6 电流互感器解体情况。5022 电流互感器高压外壳内壁粘附有放电粉末，如图 2 所示；玻璃钢筒内壁发现贯穿性的大块放电烧黑痕迹如图 3 所示；二次线圈屏蔽罩与引线管连接部位有放电烧黑痕迹，支撑绝缘子

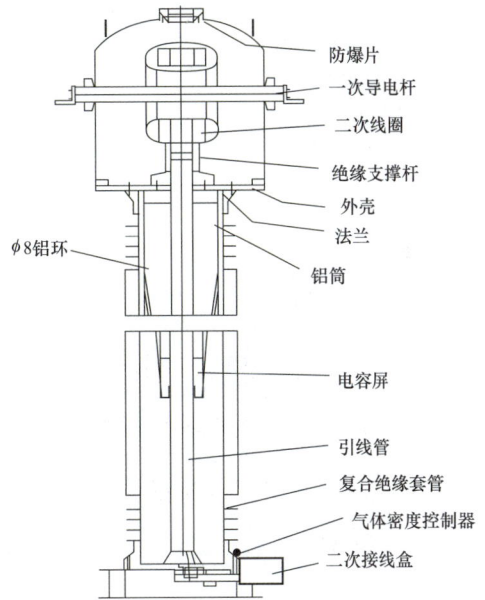

防爆片
一次导电杆
二次线圈
绝缘支撑杆
外壳
法兰
φ8铝环
铝筒
电容屏
引线管
复合绝缘套管
气体密度控制器
二次接线盒

图 1　SAS550 型电流互感器结构示意图

表面有烧蚀痕迹，二次线圈屏蔽罩底部粘附放电物质，如图 4 所示；高压端部金属法兰上留有大量固体粉末，如图 5 所示；电容屏铝筒与法兰连接处发生较大形变，如图

图 2　高压外壳内壁情况图

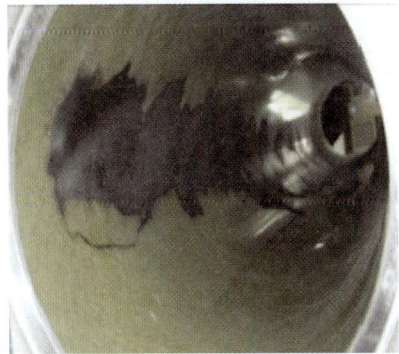

图 3　玻璃钢筒放电烧黑痕迹

6 所示；电容屏内部靠近铝筒上端发生变形，如图 7 所示；吊出电容屏后，发现屏表面一侧存在大面积烧蚀痕迹，表面局部烧黑，如图 8 所示；进一步解剖电容屏发现其铝筒与高压端第一端屏（最上端）连接铜带处烧损较为严重，如图 9 所示，电容屏内部解剖未发现异常，如图 10 所示。

图 4　二次线圈屏蔽罩外表情况

图 5　高压端部金属法兰留有固体粉末

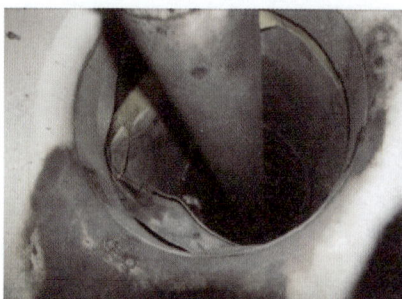

图 6　电容屏铝筒与法兰连接处变形

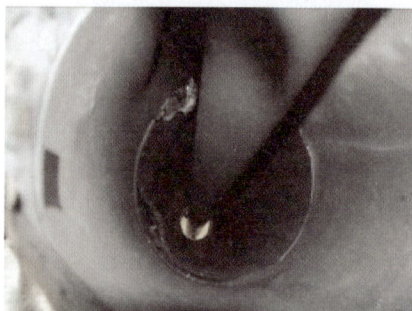

图 7　电容屏内部发现变形

图 8　电容屏沿面放电痕迹

图 9　高压端部法兰存在放电痕迹

5012TA 二次线圈屏蔽罩与引线管连接部位有放电烧黑痕迹，如图 11 所示；支撑绝缘子表面有烧蚀痕迹，如图 12 所示；电容屏铝筒与法兰连接处靠近铝筒上端有较大形变，如图 12 所示；互感器底座发现电容屏铝筒与高压法兰连接铜箔的烧毁物，如图 13 所示；玻璃钢筒内壁存在贯穿性的大块放电烧黑痕迹，如图 14 所示；吊出电容屏后发现屏表面一侧存在大面积烧蚀痕迹，表面局部烧黑，如图 15 所示。

图 10　电容屏解剖情况

图 11　支撑柱表面烧黑痕迹

图 12　电容屏铝筒与法兰连接处变形

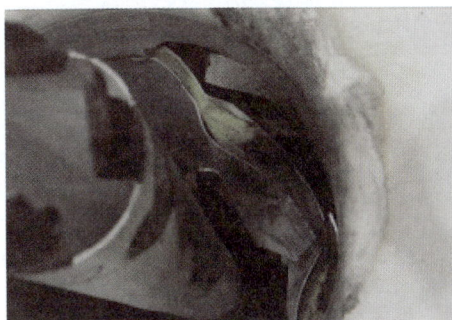

图 13　底座发现烧断铜箔

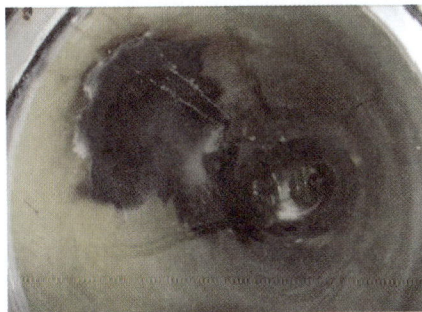

图 14　玻璃钢筒内壁情况

图 15　电容屏沿面放电痕迹

解体分析认为，放电起始于电流互感器玻璃钢筒内壁的沿面爬电，使内部有效绝缘距离逐步变短，在线路雷电侵入波过电压的激发下，最终形成贯穿性放电通道，放电产生的气流冲击导致屏蔽铝筒变形，屏蔽铝筒对二次引线管放电击穿。解体分析认为，故障原因为使用 Axicom 外套（法兰深度 138mm）的电流互感器制造工艺不能满足设计要求，铜片安装后可能超出法兰深度，使玻璃钢筒内壁沿面场强集中（仿真计算最严酷情况下 740kV 工频电压下最大场强可能达到 13.2kV/mm，使用自产外套时玻璃钢筒内壁最大沿面场强为 1.64kV/mm，国内其他产品最大沿面场强通常为 1.37kV/mm 左右），从而导致电流互感器承受雷电冲击电压的裕度不足。

5 监督意见及要求

（1）该批次 SAS550 型电流互感器存在家族缺陷，运行单位应尽快更换该公司 SAS550 型电流互感器产品，采用雷电冲击耐压裕度满足要求的产品。

（2）如不能及时更换，应加强对互感器的巡视及检测，特别是在雷雨季节前后，加强 SF_6 气体成分检测及分析，出现异常立即退出运行。

（3）互感器一旦出现故障，应立即进行 SF_6 气体分解产物检测，以确定内部有无放电。故障后决不能带故障强送电，以防发生爆炸事故。

报送人员：符劲松、邓维、吴国文、方杰。
报送单位：国网湖南省检修公司。

500kV SF$_6$电流互感器爬电距离不足导致外绝缘闪络

监督专业：电气设备性能　　　监督手段：故障调查
发现环节：运维检修　　　　　问题来源：设备设计

1　监督依据

GB/T 26218.3—2011《污秽条件下使用的高压绝缘子的选择和尺寸确定　第3部分：交流系统用复合绝缘子》

2　违反条款

GB/T 26218.3—2011《污秽条件下使用的高压绝缘子的选择和尺寸确定　第3部分：交流系统用复合绝缘子》第7节规定：e级基准USCD为53.7mm/kV。

3　案例简介

2014年5月某日15时5分，某变电站5022断路器A相电流互感器、5032、5033断路器B相电流互感器闪络，造成该变电站500kVⅡ段母线失压。根据现场检查发现，5022电流互感器A相、5032电流互感器B相、5033电流互感器B相有放电痕迹，均在迎风侧发生闪络。返厂解体发现，该型电流互感器由于外部场强不均匀，在雷雨天气条件下爬电严重，遇有雷电波入侵造成贯穿闪络。

该电流互感器型号为SAS550，1999年8月出厂，三相分别在1999～2000年投入运行。

4　案例分析

4.1　现场检查

故障发生后当天，现场检查发现5022电流互感器A相、5032电流互感器B相、5033电流互感器B相有放电痕迹，均在迎风侧发生闪络（即向Ⅱ段母线侧）。现场照片分别如图1～图3所示。5032电流互感器B相密度继电器损毁。

查询雷电定位系统，得知14：58～15：18，相关Ⅰ、Ⅱ线线路走廊内落雷12次。在故障跳闸之前，14：40～14：58也出现了大量的落雷。相关Ⅰ、Ⅱ线线路走廊半径内落雷11次。

雷雨后，Ⅰ线A、B、C三相避雷器动作次数分别为10、11、11次；Ⅱ线避雷器A、B、C三相避雷器动作分别为1、1、3次。其他线路避雷器未动作。2013年，进行避雷器例行试验，试验结果正常；2014 年 3 月，进行避雷器红外测温及带电测试，结果正常。

图 1 5022 电流互感器 A 相

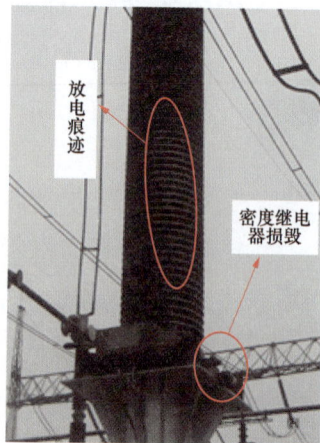

图 2 5032 电流互感器 B 相

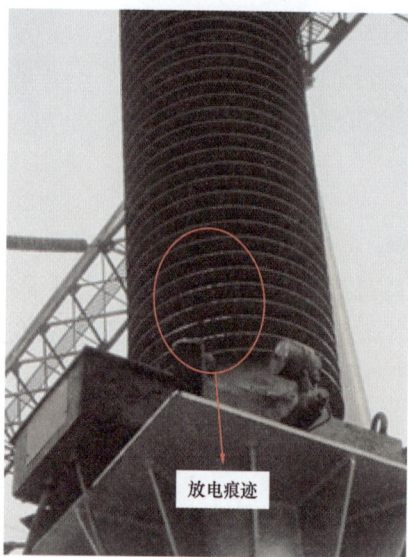

图 3 5033 电流互感器 B 相

4.2 现场试验

试验前，对历史试验报告进行了检查，2013 年 4、6、9 月，分别对 5022、5032、5033 电流互感器按周期进行了例行试验，测试结果未见异常。2014 年 4 月，进行了红外测温及 SF_6 气体湿度、纯度、分解物、检漏等带电检测，均未发现异常。

故障后，现场对 5033、5032、5022 电流互感器检测了 SF_6 气体湿度、纯度、分解物和直流电阻，结果如下。

（1）5033 电流互感器 A、C 相测试结果正常，B 相湿度、纯度数据无异常，分解物气体：SO_2 数值超过仪器量程（量程上限为 $100\mu L/L$），H_2S 为 $13\mu L/L$，超出标准规定值。

（2）5032 电流互感器 A、C 相测试结果合格，B 相无 SF_6 气体。

（3）5022 电流互感器 A、B、C 三相测试结果合格。

4.3 解体检查及试验

（1）解体前检查。5022 电流互感器 A 相、5032 电流互感器 B 相、5033 电流互感器 B 相有放电痕迹，电弧烧蚀痕迹明显，复合护套本身无硬化、无裂纹等老化现象；表面有脏污。外观照片分别如图 4～图 6 所示。

（2）污秽度和憎水性试验。测试的外绝缘表面污秽度为 e 级。对三只电流互感器的复合外套进行憎水性测试结果为 HC_3，憎水性良好，符合防污闪要求。

图 4　5022 电流互感器 A 相

图 5　5032 电流互感器 B 相

（3）解体检查。首先对 5032 电流互感器 B 相直接解体。解体发现：电容屏的钢筒与铝接筒接触位置有轻微放电点，如图 7 所示。说明该型电流互感器在雷电下容易激发放电，导致内、外场强畸变，与国家电网公司通报的家族性缺陷一致。对 5032 电流互感器 B 相解体未发现内部绝缘缺陷。对 5033 电流互感器 B 相进行绝缘电阻测试，结果为 3000MΩ，解体后与 5032 电流互感器类似，未发现内部绝缘缺陷。

图 6　5033 电流互感器 B 相

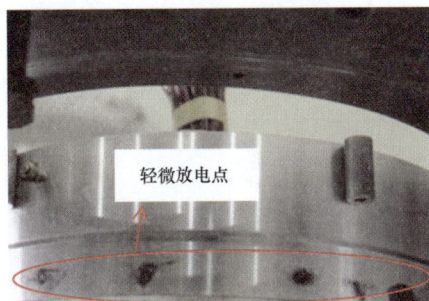

图 7　5032 电流互感器 B 相

（4）5022 电流互感器试验。在高压大厅对 5022 电流互感器开展试验，试验内容及结果如表 1 所示。

表 1　　　　　　　　　　　　　5022 电流互感器试验数据

序号	试　验　项　目	试　验　结　果
1	介质损耗	0.19%
2	电容量	400pF
3	耐压前 SF_6 气体成分	纯度 99.9%，无分解产物
4	工频耐受电压试验	544kV/1min。耐压通过
5	工频最高运行电压下淋雨试验	详细描述见下文
6	淋雨试验后 SF_6 气体成分	纯度 99.3%，无分解产物

序号	试 验 项 目	试 验 结 果
7	淋雨情况下施加雷电全波冲击	冲击耐受电压 1106kV，淋雨角度 45°， 正负各 3 次，无异常

其中工频最高运行电压下淋雨试验：人工淋雨采用 45°淋雨（模拟风雨交加）方式。45°淋雨时，雨水的平均值不小于 1mm/min。根据当地气象数据，雨水电导率为 50～2000μS/cm，考虑现场严苛条件，最终选择雨水电导率为 2000μS/cm。施加试验电压为318kV，然后淋雨，保持淋雨率连续、稳定。初始淋雨时段，电弧主要集中在高压强场强区，在强场强区最先出现电晕，随后电弧逐步向上、向下发展，在套管形成明显爬电，具体电弧形态如图 8～10 所示。试验结果表明，等径伞的伞裙结构设计不利于阻止暴雨时闪络通道的形成。

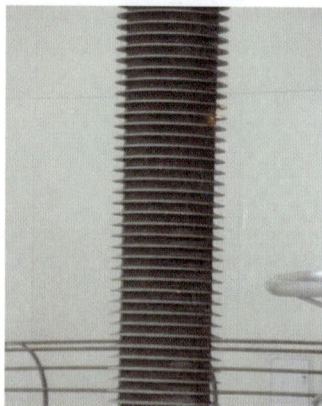

图 8　淋雨试验 0～5min
时候电弧形态

图 9　淋雨试验 5～
6min 电弧形态

图 10　淋雨试验 6～
7min 电弧形态

4.4　故障原因

（1）主要原因。该型电流互感器由于产品结构原因，高压端向下 1m 左右（对应内部电容屏尾端位置）存在高场强区，恶劣运行环境下，容易发生电晕放电，严重时出现沿面爬电。同时，该型电流互感器在雷电下容易激发内部放电，进一步加剧内、外场电场畸变。

（2）其他原因。等径伞的伞裙结构设计不利于阻止暴雨时闪络通道的形成；故障发生时为短时强对流天气，短时强降雨容易在电流互感器表面形成雨水导电通道；同时存在雷电侵入波的作用。另外，根据该型电流互感器说明书可知，总爬距 $l=12\,566$mm；绝缘子干弧距离 $A=4236$mm；污秽等级 e 级绝缘子的爬电系数（即绝缘子的总爬距与绝缘子干弧距离之比）$CF=l/A=12\,566/4236=2.966\leqslant4.0$，无偏离。根据以上参数，按照 500kV 计算，爬电比距为 25.132mm/kV，若按照系统最高运行电压 550kV 计算，则其爬电比距仅为 22.847mm/kV，小于 GB/T 26218.3—2011《污秽条件下使用的高压绝缘子的选择和尺寸确定　第 3 部分：交流系统用复合绝缘子》中 e 级污秽度要求的最小爬电比距 53.7mm/kV（53.7mm/kV 为按相对相电压计算，如换算成相对地电压计算，则最小爬电比距为 53.7/1.732＝31mm/kV）。

综上所述，该型电流互感器由于外部场强不均匀，在雷雨天气条件下爬电严重，遇有雷电波入侵易造成贯穿闪络，符合国家电网公司通报的家族性缺陷，为产品设计原因导致的家族性缺陷。

5 监督意见及要求

（1）重视 SF$_6$ 气体绝缘电流互感器的硅橡胶伞裙结构研究，包括伞型、伞间距、伞伸出、伞倾角等。根据 JB/T 5895—1991《污秽地区绝缘子使用导则》正确进行重污秽地区设备选型。

（2）针对正在运行的该类型等径伞裙设计的 SF$_6$ 电流互感器，应采取有效反事故措施，将等径伞裙改变为不等径伞裙（如加装大口径伞裙），以增加总爬电距离，满足对外绝缘距离的要求。

（3）设备制造厂对于爬电距离、干弧距离应进行充分的计算、验证。户外高压设备爬电距离应按照不低于当地污秽等级选取，并留有一定裕度。对于硅橡胶伞裙的爬电比距可按照瓷绝缘标准制造，或者把电流互感器的套管加粗、加高，进一步提高其爬电比距，提升防雨闪能力。

（4）根据电流互感器技术标准，对于严重污秽地区（盐密 0.3mg/cm^2）的 500kV 和 220kV 套管，制造厂应提供在最高运行电压下雨中（雨量 2mm/min）和雾中都不发生闪络的试验报告。

报送人员：胡润阁、鲁永、赵胜男、王校丹、牛田野。
报送单位：国网河南检修公司。

220kV 电流互感器一次绕组固定抱箍松动导致内部悬浮放电

监督专业：化学	监督手段：带电检测
发现环节：运维检修	问题来源：运维检修

1 监督依据

GB/T 7252—2001《变压器油中溶解气体分析和判断导则》
Q/GDW 1168—2013《输变电设备状态检修试验规程》

2 违反条款

GB/T 7252—2001《变压器油中溶解气体分析和判断导则》第 9.3 条规定：220kV 及以上电流互感器油中气体含量总烃、乙炔、氢气分别不应超过 100、1、150μL/L 的注意值。

Q/GDW 1168—2013《输变电设备状态检修试验规程》第 5.1.1.9 条规定：220kV 油纸绝缘电流互感器乙炔含量大于 1μL/L 时，应予以注意。

3 案例简介

2013 年 2 月，试验人员对某 220kV 变电站 604C 相电流互感器进行油色谱分析发现该电流互感器乙炔含量达到 13.3μL/L，严重超过注意值 1μL/L。几天后再次取样跟踪分析，发现乙炔含量已增加至 15.07μL/L。于是将该电流互感器进行了停电更换。对更换下的电流互感器进行解体检查发现，一次绕组向内侧弯曲变形，抱箍下滑出现接地不良，抱箍悬浮放电导致油色谱乙炔含量超标。此外，由于器身密封圈存在密封不良，局部进水受潮，引起油色谱检测氢气含量超过注意值。

该电流互感器型号为 LCWB6‐220，1996 年 6 月出厂，1997 年 3 月投运。

4 案例分析

4.1 历史数据

（1）绝缘电阻测量。2009 年 10 月和 2012 年 3 月两次例行试验中，绝缘电阻无明显变化，测试数据结果见表 1。

表 1	历次绝缘电阻测试数据	（MΩ）
试验日期	主绝缘电阻	末屏绝缘电阻
2009‐10‐14	72 000	4600

试验日期	主绝缘电阻	末屏绝缘电阻
2012－3－16	74 000	4500
备注	2009 年 10 月 14 日，测试环境温度为 26℃，相对湿度为 61％；2012 年 3 月 16 日，测试环境温度为 16℃，相对湿度为 69％	

（2）介质损耗因数测量。2009 年 10 月和 2012 年 3 月两次例行试验中，电容量及介质损耗因数测量数据见表 2，从试验结果可以看出电容量和介质损耗因数均无明显变化。

表 2　　　　　　　　　历次电容量及介质损耗因数测试数据

试验日期	主绝缘介质损耗因数（％）	主绝缘电容（pF）
2009－10－14	0.197	865.6
2012－3－16	0.195	863.6
备注	2009 年 10 月 14 日，测试环境温度为 26℃，相对湿度为 61％；2012 年 3 月 16 日，测试环境温度为 16℃，相对湿度为 69％	

（3）油中溶解气体。历次油中溶解气体分析试验数据见表 3。

表 3　　　　　　　　历次油中溶解气体分析试验数据　　　　　　　（μL/L）

试验日期	2010－11－2	2007－11－16
甲烷	2.05	3.15
乙烯	0.89	1.44
乙烷	0.94	1.62
乙炔	0.00	0.00
氢气	77.33	74.68
一氧化碳	117.21	237.09
二氧化碳	686.68	693.54
总烃	3.88	6.21
分析结果	试验合格	试验合格

从表 3 中可以看出，2007 年和 2010 年两次油色谱测量结果均未发现有乙炔，其他组分含量也无明显异常。

4.2　诊断性试验分析

2013 年 2 月 28 日，进行油色谱取样分析，发现 604C 相电流互感器乙炔含量达到 13.3μL/L，严重超过注意值 1μL/L；3 月 2 日下午再次取样跟踪分析，乙炔含量已增加至 15.07μL/L，油中溶解气体分析试验数据见表 4。

表 4　　　　　　　　　2013 年油中溶解气体分析试验数据　　　　　　（μL/L）

试验日期	2013－3－2	2013－2－28
甲烷	7.31	6.88

试验日期	2013 - 3 - 2	2013 - 2 - 28
乙烯	6.47	5.97
乙烷	1.71	1.94
乙炔	15.07	13.30
氢气	182.63	124.05
一氧化碳	226.54	193.72
二氧化碳	1101.85	1043.35
总烃	30.56	28.09
试验结果	乙炔、氢气含量超过注意值!	乙炔含量超过注意值!

从油中溶解气体分析历年数据的比对分析来看，此次乙炔含量增长迅速的情况是近期发展起来的。

根据 GB/T 7252—2001《变压器油中溶解气体分析和判断导则》标准，该电流互感器油中溶解气体的乙炔含量已严重超过注意值（$1\mu L/L$），其异常原因可能是内部存在放电性故障；同时，氢气含量超过注意值（$150\mu L/L$），推断该电流互感器可能进水受潮。

为进一步查找原因，试验人员分别于 2013 年 3 月 1 日和 2 日对该电流互感器进行了外观检查、红外测温和末屏接地检查，并于 2013 年 3 月 5 日对该电流互感器进行了常规试验及高电压介质损耗试验，均未发现异常。

4.3 解体检查

2013 年 3 月 6 日，对该电流互感器进行了解体吊罩检查，发现一次绕组向内侧弯曲变形，如图 1 所示。一次绕组的紧固铁质抱箍松动下滑，如图 2 所示，造成与底座支架接地的连接螺栓松动，抱箍接地不良，如图 3 所示。继续对电流互感器末屏与零电屏压接处进行检查，其接触牢固可靠，未发现异常；一次绕组与二次绕组之间、一次绕组底部等均未发现放电现象。互感器底座器身内发现有进水受潮生锈现象，如图 4 所示。

图 1 一次绕组弯曲向内变形   图 2 一次绕组抱箍紧固螺栓松动

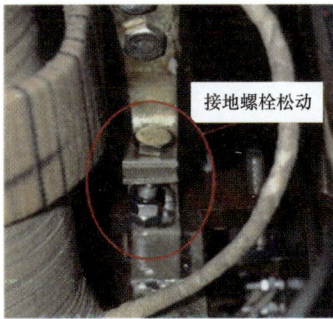

图 3　铁质抱箍与底座接地螺栓松动　　图 4　底座器身进水受潮生锈

综上所述，由于电流互感器运行过程中绕组紧固件松动，产生悬浮放电，造成绝缘油裂解，出现大量乙炔，并且该电流互感器由于底座器身密封圈密封不良，出现局部进水受潮，造成器身内部锈蚀，油中溶解气体检测发现氢气含量超过注意值。

5　监督意见及要求

（1）油中溶解气体分析对诊断电流互感器的异常或缺陷具有重要作用，要高度重视乙炔的含量，因为乙炔是反映放电性故障的主要指标。同时也不能忽视氢气和甲烷的含量，因为这些是局部放电初期、低能放电的主要特征气体。对检测结果出现异常的设备，要及时进行跟踪与分析，重点关注特征气体含量发展趋势。对于出现乙炔含量超标或增长较快的互感器，应及时停电进行相应的检查处理，及早消除设备隐患，保障设备的安全稳定运行。

（2）该电流互感器 2010 年油中溶解气体检测正常，2013 年检查发现严重的内部故障，且缺陷发展速度快，能发现此缺陷带有一定偶然性，因此建议对运行年限较长的老旧电流互感器，应加强设备运行监视并适当缩短带电检测周期。

报送人员：周小东、唐民富、郭文笔、隆俊、朱仁。
报送单位：国网湖南湘西供电公司。

220kV 电流互感器一次绕组接头接触不良引起异常发热

监督专业：电气设备性能　　　　监督手段：带电检测
发现环节：运维检修　　　　　　问题来源：设备制造

1　监督依据

DL/T 664—2008《带电设备红外诊断应用规范》
Q/GDW 1168—2013《输变电设备状态检修试验规程》

2　违反条款

（1）DL/T 664—2008《带电设备红外诊断应用规范》附录 A 规定：电流致热型设备缺陷诊断判据，电流互感器以串、并联出线头为最高温度的热像，热点温度不小于55℃或相对温差不小于 80％，为严重缺陷。

（2）Q/GDW 1168—2013《输变电设备状态检修试验规程》表 11 规定：电流互感器巡检及例行试验项目，油中溶解气体分析乙炔不大于 $1\mu L/L$（220kV 及以上，注意值）、总烃不大于 $100\mu L/L$［110（66）kV 及以上，注意值］。

3　案例简介

2012 年 7 月，试验人员在某 500kV 变电站进行红外测温时发现 620 电流互感器 B 相接线板红外测温图谱异常，对电流互感器发热缺陷进行复测，热点温度随负荷增大而升高，同时电流互感器金属膨胀器整体异常发热，一次接线端端部出现渗、漏油。停电后进行油中溶解气体分析及回路电阻测试，试验数据异常，说明发热点在电流互感器内部。解体检查发现内部一次绕组接头接触不良。

该电流互感器型号为 ATH‑245/F，1987 年 2 月出厂，1988 年 3 月投运。

4　案例分析

（1）红外测温。2012 年 7 月 6 日，620 电流互感器 B 相的红外测温图谱如图 1 所示，其中金属连接排处温度高于本体，热点温度 68.5℃（负荷电流 458A，正常相的温度 45℃，环境温度 27℃），初步分析为金属连接排处接触不良，可能存在电流致热型缺陷。因本体温度与正常相温度相差不大，此时电流互感器内部发热缺陷的特征并不明显。

7 月 18 日的红外测温图谱如图 2 所示，其中热点温度达 86.8℃（负荷电流 886A，正常相温度 48℃，环境温度 28℃）。当时本体温度 60℃，正常相温度约 30℃，判断互感器本体可能存在内部发热。21日再次复测，发现620电流互感器B相存在严重漏油，热点温度达到106℃（负荷电流1066A），当即申请停电处理。

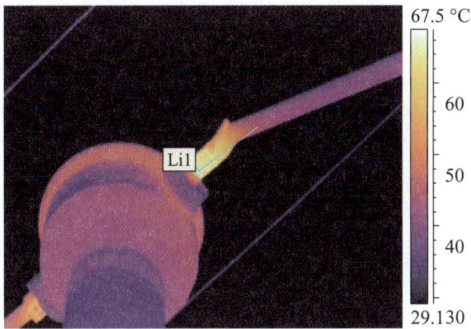

图1　7月6日红外测温图谱

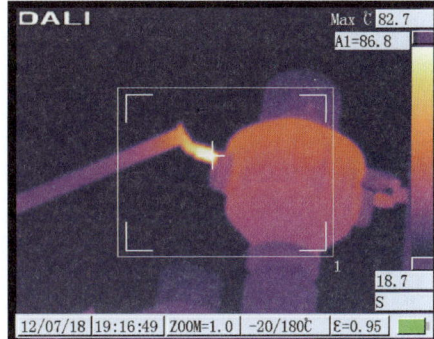

图2　7月18日红外测温图谱

（2）诊断性试验。

1）停电后对620电流互感器B相进行油中溶解气体分析，总烃为1359μL/L，乙炔为2.14μL/L，数据明显异常，表明该电流互感器内部存在过热点。

2）电流互感器回路电阻测试数据如表1所示，电流互感器B相一次导电回路电阻较其他相增加了5倍多，存在明显接触不良情况。

表1　　　　　　　　　　电流互感器一次导电回路电阻测试数据　　　　　　　　　　（μΩ）

相别	一次导电部分回路电阻
A	103
B	640
C	101

（3）解体检查。对电流互感器进行解体检查，发现一次导电部分内部有明显过热痕迹且连接紧固螺栓未采取防松动措施（未加弹簧垫圈），用手可拧动，接触面接触压力不够导致接触不良，接触不良的发热部位如图3所示。检查还发现出线端环氧绝缘件上有明显裂纹，如图4所示。造成裂纹的原因为电流互感器在较大运行电流通过导体时由于异常发热，热胀冷缩引起绝缘件开裂，并最终造成互感器渗、漏油。

图3　接触不良的发热部位

图4　环氧绝缘板裂纹

5 监督意见及要求

（1）对低负荷情况下发现的一般电流致热型缺陷应引起高度警觉，此类缺陷在大负荷大电流情况下往往会更加明显，并快速发展。

（2）通过对缺陷设备红外测温图谱的分析，通常能够有效出现电流互感器内部过热故障，通过与油中溶解气体分析、回路电阻测试等试验手段相结合，可以相互验证，从而大大提高设备故障诊断分析的准确性。

报送人员：张寒、张国光。
报送单位：国网湖南检修公司。

110kV电流互感器密封不良导致末屏和二次绕组绝缘严重受潮

监督专业：电气设备性能	监督手段：例行试验
发现环节：运维检修	问题来源：设备制造

1 监督依据

Q/GDW 1168—2013《输变电设备状态检修试验规程》

2 违反条款

Q/GDW 1168—2013《输变电设备状态检修试验规程》第5.1.1.9规定：有末屏端子的，测量末屏对地绝缘电阻，要求大于1000MΩ，当末屏绝缘电阻不能满足要求时，可通过测量末屏介质损耗因数做进一步判断，测量电压为2kV，通常要求小于1.5%。

3 案例简介

2013年10月，试验人员对某110kV变电站进行例行试验时，发现506电流互感器末屏及二次绕组绝缘电阻值严重偏低，末屏介质损耗因数严重超标。当即引起了试验人员的高度重视并及时进行了诊断试验，末屏介质损耗因数明显超标。同时通过解体检查，发现设备工艺存在缺陷，互感器底座箱体内部严重积水，并导致电流互感器二次及末屏绝缘电阻值明显下降和介质损耗因数超标。

电流互感器型号为LGW-110，2009年12月出厂，2011年10月投运。

4 案例分析

4.1 历史数据

电流互感器的绝缘电阻测量结果分别见表1。

表1　　　　506电流互感器绝缘电阻试验数据

试验日期	相别	主绝缘电阻（MΩ）	末屏绝缘电阻（MΩ）	二次绕组绝缘电阻（MΩ）
	A	100 000	2000	1800
2011－10－18	B	100 000	1800	1800
	C	100 000	2000	1800

试验日期	相别	主绝缘电阻 （MΩ）	末屏绝缘电阻 （MΩ）	二次绕组绝缘电阻 （MΩ）
2013－10－20	A	100 000	1	0.2
	B	100 000	3	0.2
	C	100 000	6	0.2
备注	2011－10－18：环境温度20℃，相对湿度60%；2013－10－20：环境温度14℃，相对湿度60%			

从表1绝缘测量结果分析，电流互感器主绝缘的绝缘电阻合格，但是末屏绝缘电阻和二次绕组绝缘电阻值严重降低。初步判断受潮部位在互感器的箱体底部，且受潮程度非常严重。

4.2 诊断性试验

对电流互感器进行末屏介质损耗及电容量测量，发现末屏介质损耗因数严重超标，试验数据分别见表2。

表2　　　　　　　　　506电流互感器末屏介质损耗及电容量试验数据

试验日期	相别	测量电压（kV）	末屏 $\tan\delta$（%）	电容 C（pF）
2013－10－20	A	2	52%	5431
	B	2	65%	5274
	C	2	48%	5233
备注	环境温度14℃，相对湿度60%			

4.3 解体检查分析

为了防止因设备故障造成停电，2013年11月7日，试验人员决定对该电流互感器进行解体检查。解体前绝缘试验结果与2013年10月20日试验结果一致。对506间隔的三相电流互感器进行了逐一检查，电流互感器外观如图1所示。

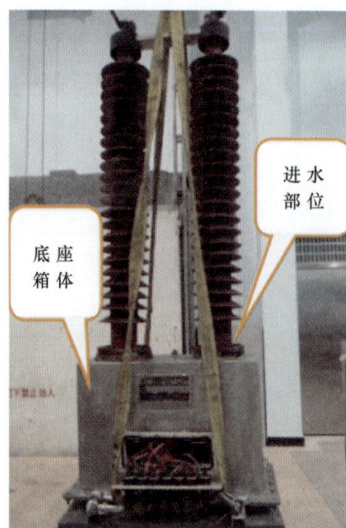

图1　电流互感器外观

（1）三相电流互感器油箱内均有不同程度的积水：A相积水86mm，B相积水50mm，C相积水25mm，积水情况如图2所示。

（2）三相电流互感器二次及末屏接线板内部均有明显水渍，二次线上全部绝缘管内均有明显水珠，铁箱内部所有螺钉均已严重锈蚀，如图3所示。

（3）外绝缘硅橡胶与箱体结合部位有较大的缝隙，螺母结合部位也有较大缝隙。经密封试验发现，积水是通过这些缝隙渗入到铁箱内的，如图4～图7所示。

经过电气试验和解体检查确认，设备异常原因为：电流互感器底部箱体密封工艺不良。底座箱体与硅橡胶外绝缘伞群之间未密封良好，存在较大缝隙，长期受雨水侵蚀，雨水进入箱体内部。二次绕组及末屏长期浸泡于积水中，其绝缘性能大幅下降。

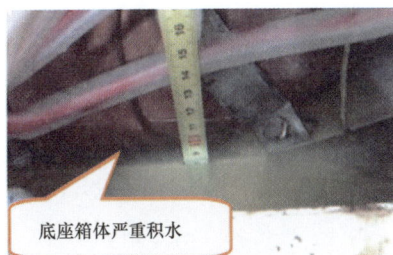

图 2　箱体内部进水

图 3　二次接线盒进水锈蚀

图 4　渗水进入部位

图 5　密封性试验

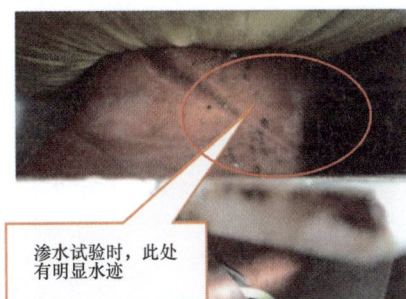

图 6　渗水试验结果 1

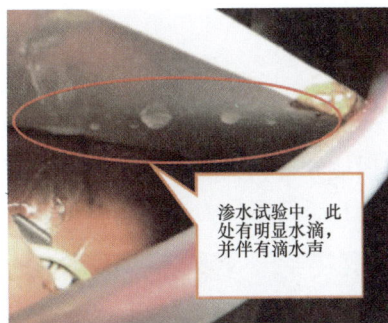

图 7　渗水试验后结果 2

5　监督意见及要求

（1）对同厂家同型号同批次的电流互感器进行排查，发现异常尽快安排停电试验检查，对密封不良部位进行密封处理，防止设备进水损坏。

（2）严把设备入网质量关，对该型号电流互感器验收时加强设备的密封性检查。

报送人员：郭干、周小东、唐民富、郭文笔。

报送单位：国网湖南湘西供电公司。

110kV 电流互感器复合绝缘外套缺陷导致异常发热

监督专业：电气设备性能　　监督手段：带电检测
发现环节：运维检修　　　　问题来源：设备制造

1　监督依据

DL/T 664—2008《带电设备红外诊断应用规范》
Q/GDW 1168—2013《输变电设备状态检修试验规程》

2　违反条款

（1）DL/T 664—2008《带电设备红外诊断应用规范》附录 B 规定：电压致热型设备在绝缘良好和绝缘劣化的结合部位出现局部过热，温差不应超过 0.5～1K。

（2）Q/GDW 1168—2013《输变电设备状态检修试验规程》表 11 规定：聚四氟乙烯缠绕绝缘介质损耗因数应≤0.005（注意值）。

3　案例简介

2015 年 3 月，试验人员在某 110kV 变电站进行红外测温时发现一台 110kV 电流互感器复合绝缘外套局部发热，与正常部位温差达 7K。停电后进行诊断性试验，发现主绝缘介质损耗异常，交流耐压过程中绝缘外套小孔处冒烟、主绝缘击穿。

该电流互感器型号为 SRLGU-110，2004 年 8 月出厂，2004 年 12 月投运。

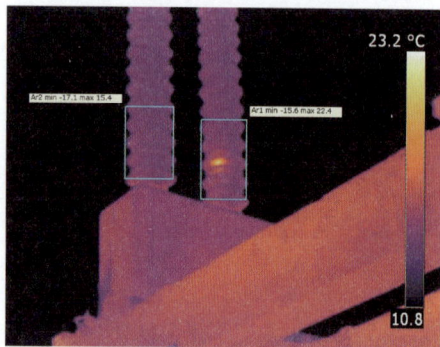

图 1　故障电流互感器红外测温图谱

4　案例分析

4.1　红外测温

故障电流互感器红外测温图谱如图 1 所示，复合绝缘外套从下往上数的第三个大伞群处发热，与正常部位相比温差达 7K，属于危急缺陷，初步分析内部存在局部放电。

4.2　外观检查

停电后对该间隔电流互感器进行外观检查，发现 A、C 相复合绝缘外套表面存在小孔，如图 2 所示。其中 A 相小孔的位置与红外测温发热位置一致，C 相红外测温未发现热点。

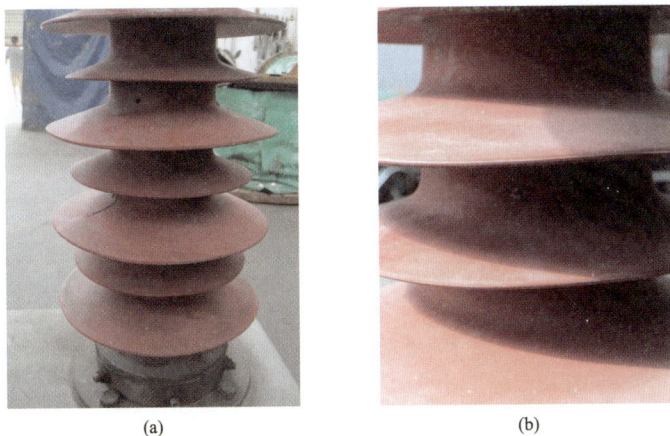

(a)　　　　　　　　　　　　　(b)

图 2　复合绝缘外套表面存在小孔

（a）A 相外观检查图；（b）B 相外观检查图

4.3　诊断性试验

A、C 相电流互感器试验数据如表 1 所示，A 相电流互感器介质损耗因数为0.814%，超过 Q/GDW 1168—2013《输变电设备状态检修试验规程》规定 0.5%的注意值，绝缘电阻与电容量试验数据合格；C 相电流互感器试验数据合格。

表 1　　　　　　　　　　　　　A、C 相电流互感器试验数据

	主绝缘		末屏绝缘	
	A 相	C 相	A 相	C 相
绝缘电阻（MΩ）	>100 000	>100 000	>100 000	>100 000
介质损耗 $\tan\delta$（%）	0.814	0.016	—	—
电容量 C_x（pF）	483.2	485.8	—	—
备注	环境温度 13℃，相对湿度 55%			

为进一步确定电流互感器的主绝缘状况，对 A、C 相电流互感器分别进行了交流耐压试验，试验数据如表 2 所示。C 相电流互感器交流耐压试验合格；A 相电流互感器升压至 125kV 时有放电声，升压至 143kV 时绝缘外套小孔处开始冒烟，电流急剧增大，小孔处绝缘外套有烧蚀痕迹，如图 3 所示。耐压后 A 相电流互感器绝缘电阻在 5~11MΩ 之间变化，无法稳定，说明其主绝缘被击穿。

表 2　　　　　　　　　　　　　A、C 相电流互感器交流耐压试验

施加电压（kV）		63	110	126	184	耐压后绝缘电阻（MΩ）
泄漏电流（mA）	A 相	20	40	44	—	5~11
	C 相	20	36	40	56	>100 000
备注	环境温度 13℃，相对湿度 55%					

图3 A相电流互感器耐压后图片

综合分析，造成 A 相电流互感器绝缘劣化的主要原因是复合绝缘外套材质或工艺质量不良，复合绝缘外套表面存在小孔，导致电场分布不均匀并引起局部放电而发热。同时，在长时间运行过程中水分从小孔处渗入，引起绝缘受潮劣化，而 C 相电流互感器由于小孔尚未贯通绝缘外套，水分并未渗入，所以绝缘暂时良好，尚未损坏，但运行后可能发展为严重缺陷，所以也需更换。

5 监督意见及要求

（1）设备制造厂家应加强复合绝缘外套材质及工艺检测，确保设备质量。

（2）复合绝缘设备运行过程中应加强红外精确测温工作，及时发现绝缘缺陷，防止设备绝缘故障的发生。

（3）设备到货后，应加强设备的验收把关，重点对设备的外观进行检查，防止缺陷设备投入运行。

报送人员：祝志峰、欧阳卓、刘滨升。
报送单位：国网湖南岳阳供电公司。

110kV 电流互感器内部引线线夹螺栓松动导致匝间短路

监督专业：化学	监督手段：带电检测
发现环节：运维检修	问题来源：设备制造

1 监督依据

Q/GDW 1168—2013《输变电设备状态检修试验规程》

2 违反条款

Q/GDW 1168—2013《输变电设备状态检修试验规程》第 5.4.1.1 条（表 11）规定：电流互感器油中溶解气体分析中乙炔≤2μL/L（110kV）；氢气≤150μL/L（110kV及以上）。

3 案例简介

2012 年 9 月，某 110kV 变电站 502 电流互感器 C 相带电检测时，发现该电流互感器的油中氢气和乙炔含量超注意值，乙炔含量达到 37.72μL/L，严重超注意值（2μL/L）。随后每月跟踪检测一次，发现色谱各组分都持续增长，2013 年 3 月乙炔含量增长至 274.12μL/L。因此，决定将设备退运更换，并进行了解体检查员分析。

该电流互感器为某厂 1995 年 3 月产品，1995 年 7 月投入运行，无不良运行工况，设备铭牌参数如表 1 所示。

表 1　　　　　　　　　　　　电流互感器的参数

生产厂家	某厂	生产日期	1995 - 3 - 1
设备型号	LCWB6 - 110B	出厂编号	95 079
绝缘水平	雷电 450kV，工频 200kV	变比	600/5
爬电比距	25mm/kV	二次绕组数量	4 个
热稳定电流	45kA	动稳定电流	114kA
连续热稳定电流	22.5kA	热稳定电流时间	1s

4 案例分析

4.1 试验情况

（1）油中溶解气体分析。2012 年 9 月试验发现油中氢气和乙炔含量超注意值后，对该电流互感器持续进行了半年的色谱跟踪。正常试验数据与历次油中溶解气体含量的数据如表 2 所示。

表 2　　　　　　　　　　该电流互感器油中溶解气体含量分析数据

试验日期	含量（μL/L）							
	甲烷	乙烯	乙烷	乙炔	氢气	一氧化碳	二氧化碳	总烃
2010 - 11 - 16	2.09	1.44	2.73	0	86	174.4	1155.17	6.26
2012 - 9 - 11	15.62	13.99	5.41	37.72	206.5	163.1	1456.91	72.74
2012 - 10 - 11	17.53	17.98	5.37	46.85	278.38	207.81	1460.69	87.73
2012 - 11 - 23	18.47	18.85	4.26	48.48	293.98	218.44	1375.95	90.06
2012 - 12 - 20	27.09	28.71	5.78	91.59	381.53	208.47	1291.37	153.17
2013 - 1 - 15	32.06	37.87	6.52	114.35	432.51	212.45	1356.4	190.8
2013 - 3 - 6	63.18	66.32	10.11	274.12	804.77	240.69	1252.1	413.73

根据三比值法分析色谱数据发现，早期为 112，后期发展成为 212。推测早期为持续的火花放电，后期可能发展为电弧放电。二氧化碳与一氧化碳总体变化不大，说明故障并未涉及互感器的主体绝缘部分。但是一氧化碳产气速率明显高于二氧化碳，说明可能存在局部固体绝缘加速劣化。

（2）电气试验检查。发现异常情况后，2012 年 11 月 11 日进行了诊断性试验，其主绝缘电阻、末屏绝缘电阻、主绝缘介质损耗及主绝缘电容量试验数据均合格，查找历次检修试验数据，均未发现异常。

4.2　解体检查

2013 年 4 月，对该互感器进行了解体吊罩检查，发现互感器上部导线弯头两侧有烧黑迹象，将其拨开，越到内层越黑如图 1 和图 2 所示。另外，检查互感器各部位后发现引线为铜板夹紧式固定，其中一根引线未夹紧，部分松动如图 3 所示。其余部位包括互感器末屏与零屏压接处、铝箔、一次绕组与二次绕组之间、一次绕组底部等均未发现异常。

图 1　互感器 C 相上部引线两侧明显放电痕迹

图 2　互感器 C 相引线明显放电痕迹

4.3　结论

综合油色谱跟踪结果、电气试验结果以及解体检查情况，可以推断该电流互感器的紧固螺栓未拧紧，连接部位回路电阻显著增大。由于引线弯头部位绝缘强度较其他部位薄弱，在导线内层薄绝缘未损坏时，将首先产生过热点，温度升高使绝缘劣化加速，绝缘劣化后温度会进一步升高，形成恶性循环。当绝缘层出现破坏后，在破坏处产生匝间放电，早期为火花放电，乙炔含量逐渐升高，三比值法编码为112。随着时间延长，绝缘不断破坏可能发展成为匝间短路。随着放电能量不断增大，乙炔含量加速增长，三比值法编码转变为212。

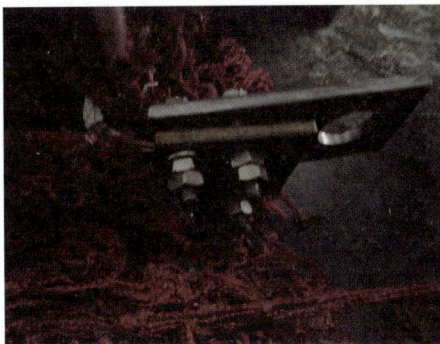

图 3　互感器 C 相上端引线未夹紧

5　监督意见及要求

（1）进行油中溶解气体分析时，要高度注意互感器油中乙炔的含量。乙炔是反映放电性故障的主要指标，一旦出现乙炔成分，就意味着设备异常。同时，也不能忽略氢气和甲烷成分，要结合油中气体含量历史变化趋势综合分析，对设备状态进行准确评估。

（2）根据气体成分分析及电气试验的综合结果进行综合诊断，能更好地确定故障类型及严重程度，根据情况进行合理的跟踪检测，必要时进行解体检修。

报送人员：蔡炜、李丹民、成立、刘志刚。
报送单位：国网湖南娄底供电公司。

110kV 电流互感器末屏绝缘受潮导致油中溶解气体含量异常

| 监督专业：化学 | 监督手段：例行试验 |
| 发现环节：运维检修 | 问题来源：运维检修 |

1 监督依据

Q/GDW 1168—2013《输变电设备状态检修试验规程》

2 违反条款

Q/GDW 1168—2013《输变电设备状态检修试验规程》第 5.4.1 规定：油中溶解气体分析要求，乙炔≤2μL/L（注意值）；氢气≤150μL/L（注意值）；总烃≤100μL/L（注意值）。

3 案例简介

某 110kV 变电站 506 电流互感器为某厂 1994 年 3 月出厂的 LCWB6－110B 油浸式电流互感器，于 1994 年 8 月投运。2012 年取油样进行油中溶解气体分析时，发现氢气含量严重超注意值，并且微水含量异常，分析判断该电流互感器存在内部受潮缺陷。

4 案例分析

4.1 故障情况

某变电站 506 电流互感器 1994 年 8 月投运以来色谱检测结果正常，例行试验结果合格。2011 年 12 月取样检测发现 C 相油中有 0.3μL/L 的微量乙炔，且二氧化碳含量达到 10 455μL/L，据此缩短该电流互感器的油色谱检测周期为每半年一次，跟踪试验数据见表 1。

表 1　　　　　　　　　油色谱分析数据

试验项目	含量（μL/L）		
	2011 - 12 - 03	2012 - 06 - 20	2012 - 11 - 20
氢气	47	132	1083
甲烷	7.6	8.0	11.9
乙烷	2.6	3.0	4.8
乙烯	1.2	6.8	14.7

试验项目	含量（μL/L）		
	2011-12-03	2012-06-20	2012-11-20
乙炔	0.3	0.3	0.2
一氧化碳	177	203	361
二氧化碳	10 455	16 952	25 087
总烃	11.7	18.1	31.6
微水	—	—	110

2012 年 6 月 20 日，油中乙炔含量无增加，氢气、二氧化碳含量有增加，但氢气含量未超注意值。2012 年 11 月 20 日，油中氢气急剧增加至 $1803\mu L/L$，二氧化碳增至 $25\ 087\mu L/L$，乙炔无增加。油中微水检测，油中微水达到 $110mg/kg$。

为进一步确定设备运行状况，2012 年 11 月 24 日对该电流互感器停电进行主绝缘及末屏绝缘电阻、电容量和介质损耗检测，试验结果见表 2 和表 3。

表 2　　　　　　　　一次绕组及末屏绝缘电阻试验结果

相别	绝缘电阻（MΩ）		结论
	一次绕组	末屏	
A	24 800	3700	合格
B	19 500	2800	合格
C	11 500	12	末屏绝缘不合格

表 3　　　　　　　　一次绕组及末屏介损及电容量试验结果

相别	部位	试验方法	试验电压（kV）	电流互感器 tanδ（%）	2005 年电流互感器 tanδ（%）	电容量 C（pF）	电容量初值差（%）
A	一次绕组—末屏	正接法	10	0.42	0.41	580	0.34
	末屏—地	反接法	2	0.347		1230	
B	一次绕组—末屏	正接法	10	0.53	0.61	587	1.77
	末屏—地	反接法	2	0.364		1269	
C	一次绕组—末屏	正接法	10	0.95	0.48	605.3	5.8
	末屏—地	反接法	2	24.73		6260	

电气试验结果显示：末屏绝缘电阻、末屏介质损耗低于试验标准，三相横向比较变化较大，且一次主绝缘对末屏的介质损耗有大幅度增长。

4.2　原因分析

通过油色谱分析结果来看，上述电流互感器油中氢气为 $1803\mu L/L$，严重超注意值，油中总烃无显著增加，且油中水分含量异常，根据 DL/T 722—2014《变压器油中溶解气体分析判断导则》判断，该电流互感器存在绝缘受潮的故障。其次，油中二氧化碳含量偏高，增长速度快，二氧化碳与一氧化碳的比值远大于 7，说明该电流互感器中固体绝缘材料已发生老化。

电气试验发现末屏绝缘电阻、末屏介质损耗及绝缘油击穿电压低于正常标准，三相横向比较变化较大，且一次主绝缘对末屏的介质损耗有大幅度增长，说明末屏受潮，因此判断电流互感器受潮部位在电流互感器的末屏及底部。

电流互感器绝缘受潮一般因密封不良引起。当油中存在水分时，在电场的作用下，水分子电解产生氢气。当氢气含量较高时，互感器内部气泡增多。由于气泡中电场场强比油中高，当高到一定程度时就会发生电离，不断加速绝缘的劣化，并可能导致设备绝缘事故。

5　监督意见及要求

（1）积极开展互感器油色谱检测的工作，及时发现互感器油中溶解气体异常现象，加强跟踪检测，准确掌握设备状态。

（2）当油中溶解气体持续增加，应对设备进行停电诊断分析和处理，防止事故发生。

报送人员：涂金元。
报送单位：国网湖南益阳供电公司。

第6章

电压互感器技术监督典型案例

500kV电容式电压互感器绕组漆包线质量差导致一次绕组短路

监督专业：电气设备性能　　　监督手段：带电检测
发现环节：运维检修　　　　　问题来源：设备制造

1　监督依据

GB/T 7252—2001《变压器油中溶解气体分析和判断导则》
DL/T 664—2008《带电设备红外诊断应用规范》

2　违反条款

（1）GB/T 7252—2001《变压器油中溶解气体分析和判断导则》第9.3条规定：220kV及以上电压互感器油中气体含量总烃、乙炔、氢气分别不应超过$100\mu L/L$、$2\mu L/L$、$150\mu L/L$的注意值。

（2）DL/T 664—2008《带电设备红外诊断应用规范》附表B规定：电压互感器（含电容式电压互感器的互感器部分）整体温度偏高，且较正常电容式电压互感器温差大于2～3K，则属于危急缺陷，应立即消缺或退出运行，并进行诊断性试验。

3　案例简介

2015年7月，某500kV变电站5023 B相电容式电压互感器（CVT）二次输出电压偏低，红外测温异常，与正常相CVT温差达23.9K。停电后进行诊断性试验发现变比异常，油中溶解气体分析异常。解体检查发现电磁单元一次绕组短路烧损。建议对同批次设备进行更换。

该CVT型号为TYD525/$\sqrt{3}$-0.005H，2007年5月出厂，2008年2月投运。

4　案例分析

4.1　红外测温

5023 B相与C相CVT红外测温如图1与图2所示。B相CVT电磁单元部分热点温度为63.4℃，C相CVT热点温度为39.5℃，温差达23.9℃。初步分析：由于B相电磁单元内部存在绕组短路，而导致发热故障。

4.2　诊断性试验

2015年7月15日，试验人员对5023三相CVT进行了绝缘电阻、介质损耗因数及电容量、二次绕组直流电阻、电压比和油中溶解气体分析等试验。试验数据如表1～表5

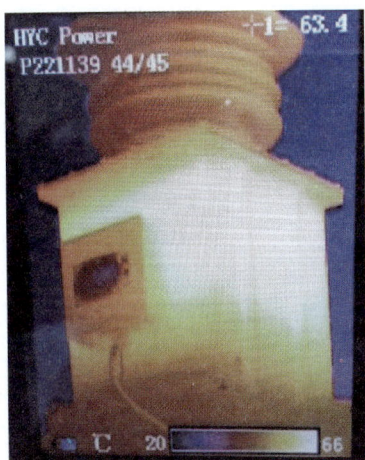

图 1　B 相 CVT 红外测温图谱

图 2　C 相 CVT 红外测温图谱

所示。电容单元绝缘电阻、介质损耗因数及电容量试验数据合格，表明电容单元正常；二次绕组直流电阻及绝缘电阻试验数据合格，表明二次绕组正常。B 相 CVT 电压比是额定电压比的 4.65 倍，其原因可能是电磁单元一次绕组存在短路。油中溶解气体分析结果表明乙炔和总烃严重超标，根据 GB/T 7252—2001《变压器油中溶解气体分析和判断导则》中三比值法（编码为 021）判断电磁单元内部存在中温过热，温度为 300～700℃，可能是绕组局部短路、层间绝缘不良。

表 1　　　　　　　　　　　　绝 缘 电 阻 测 试 数 据

相别	绝缘电阻（MΩ）									
	C1	C2	C3	C41	C42	δ端	1a1n	2a2n	3a3n	dadn
A	14 000	14 000	15 000	16 000	15 000	5100	1200	1600	1300	1500
B	14 000	15 000	16 000	15 000	16 000	5500	1400	1300	1600	1800
C	15 000	15 000	15 000	16 000	17 000	4500	1500	1700	1400	1300
备注	环境温度 37℃，相对湿度 62%									

表 2　　　　　　　　　　　　电 压 比 测 试 数 据

相别	一次加压（kV）	变　比			
		1a1n	2a2n	3a3n	dadn
A	10	1303	1303	1303	744.7
B	10	6048	6063	6075	3482
C	10	1311	1311	1311	749.4
备注	环境温度 37℃，相对湿度 62%				

表 3   二次绕组直流电阻测试数据

相别及序号	二次绕组直流电阻（mΩ）			
	1a1n	2a2n	3a3n	dadn
A	23.03	31.08	29.01	88.99
B	23.04	31.26	29.26	89.56
C	22.62	30.79	28.68	88.96
备注	环境温度37℃，相对湿度62%			

表 4   介质损耗因数及电容量测试数据

相位		试验电压（kV）	$\tan\delta$（%）	电容量 C_x（pF）	铭牌值 C_N（pF）	比差（%）
A	C1	10	0.073	20 140	20 080	0.65
	C2	10	0.171	20 080	20 030	0.10
	C3	10	0.177	20 050	20 050	−0.20
	C41	2	0.064	25 100		
	C42	2	0.060	103 100	20 186 20 180	0.78
B	C1	10	0.069	20 040	19 980	−0.01
	C2	10	0.065	20 130	20 080	0.15
	C3	10	0.073	20 070	20 020	0.25
	C41	2	0.071	24 960		
	C42	2	0.060	101 900	20 049 20 050	−0.01
C	C1	10	0.069	20 060	20 010	−0.11
	C2	10	0.068	20 090	20 060	−0.01
	C3	10	0.073	20 120	20 090	0.35
	C41	2	0.068	24 940		
	C42	2	0.069	101 600	20 024 20 030	−0.78

表 5   油中溶解气体分析数据   （μL/L）

相别		A	B	C
分析项目	甲烷	34.8	404	36.4
	乙烷	378.2	602	364.4
	乙烯	22.5	1768	20.8
	乙炔	0	48.9	0
	氢气	104.4	184	78
	一氧化碳	209.2	3745	203.3
	二氧化碳	1173	44 011	1124
	总烃	435.5	2822.9	421.6

4.3 解体检查

为进一步查明故障原因，对 B 相 CVT 电磁单元进行了解体检查，电磁单元解体情况如图 3、图 4 所示。一次绕组有变形及发黑现象，发黑部分约占总绕组面积的 1/4，且有明显烧糊、碳化现象，部分匝间和层间绝缘被击穿。分析缺陷原因为一次绕组漆包线绝缘强度不够、耐热性能差，导致短路烧损，属家族缺陷。

图 3　熔渣溢出

图 4　层间绝缘纸已烧糊、烧焦

5　监督意见及要求

（1）积极开展红外精确测温工作，一旦发现 CVT 温度异常，应立即进行分析处理，必要时需停电进行诊断性试验。

（2）运行中 CVT 出现二次电压输出异常，应进行红外测温和油中溶解气体分析，以判断其内部是否存在放电或者高温过热。

（3）将多次出现因漆包线质量差导致 CVT 故障的该厂家同批次产品列为家族缺陷设备，并进行全面排查和处理。

报送人员：唐清林、张国旗、邓维。
报送单位：国网湖南检修公司。

220kV 电容式电压互感器金属膨胀器
开裂导致发热异常

监督专业：电气设备性能	监督手段：带电检测
发现环节：运维检修	问题来源：设备制造

1 监督依据

GB/T 7252—2001《变压器油中溶解气体分析和判断导则》
DL/T 664—2008《带电设备红外诊断应用规范》
Q/GDW 1168—2013《输变电设备状态检修试验规程》

2 违反条款

（1）GB/T 7252—2001《变压器油中溶解气体分析和判断导则》第 9.3 条规定：220kV 及以上电压互感器油中气体含量总烃、乙炔、氢气分别不应超过 $100\mu L/L$、$2\mu L/L$、$150\mu L/L$ 的注意值。

（2）DL/T 664—2008《带电设备红外诊断应用规范》附录 B 表 B.1 电压致热型设备缺陷诊断判据规定：电容式电压互感器温差 2～3K 属于危急缺陷。

（3）Q/GDW 1168—2013《输变电设备状态检修试验规程》表 17 规定：分压电容器试验介质损耗因数≤0.0025（膜纸复合）；第 5.6.1.3 条规定：红外热像检测高压引线、本体等，红外热像图显示应无异常温升、温差或相对温差。

3 案例简介

2013 年 6 月，试验人员发现某 220kV 变电站 6×24 C 相电容式电压互感器（CVT）的下节电容单元接近上法兰处异常发热，相间温差超过 3K。停电诊断性试验发现下节电容单元介质损耗因数超标。随后更换了该互感器，对其进行了解体检查。发现该电压互感器下节电容单元顶部膨胀器存在开裂，等电位线焊点脱落，金属膨胀器悬浮放电导致红外热像异常，故障部位与红外热像图吻合。

该 CVT 型号为 TYD220/$\sqrt{3}$-0.02H，2004 年 1 月出厂，2004 年 4 月投运。

4 案例分析

4.1 带电检测情况

2013 年 6 月 24 日对该 CVT 进行的红外精确结果如图 1、图 2 所示，从中可以看出 C 相下节电容单元外瓷套接近上法兰处有局部区域发热现象。

图 1　CVT 红外测温图谱

图 2　CVT 的 C 相下节红外测温图谱

发现该异常情况后，试验人员立即查阅该设备历年电气试验报告，该设备历次试验均合格，未发现异常。

4.2　诊断性试验分析

（1）电气试验。在 2013 年 7 月 22 日更换 6×24C 相 CVT 时，对该设备进行了诊断性试验，除介质损耗因数项目不合格，其余项目均合格。该 CVT 在 2012 年 3 月 16 日例行试验与 2013 年 7 月 23 日停电后试验的介质损耗因数和电容量数据如表 1 所示。

表 1　　　　　　　　C 相 CVT 两次试验介质损耗因数及电容量试验数据

分析日期	2012 - 3 - 16			2013 - 7 - 23		
试验项目	电压（kV）	tanδ（%）	电容量 C（pF）	电压（kV）	tanδ（%）	电容量 C（pF）
$C_{下1}$	2	0.166	28 630	3	0.417	28 350
$C_{下2}$	2	0.162	63 230	3	0.272	62 510
$C_{下总}$	—	—	19 707	—	—	19 504
备注	2012 - 3 - 16：环境温度 20℃，相对湿度 60%；2013 - 10 - 20：环境温度 34℃，相对湿度 55%					

从表 1 发现：$C_{下1}$、$C_{下2}$ 介质损耗因数异常，超过规程标准值。

（2）化学试验。电气诊断性试验后，对其下节电容单元取油样进行油中溶解气体分析，具体数据如表 2 所示。

表 2　　　　　　　　C 相电容单元油中溶解气体分析数据　　　　　　　（μL/L）

甲烷	乙烯	乙烷	乙炔	氢气	一氧化碳	二氧化碳	总烃
116.38	7.52	91.03	5.33	443.99	69.51	648.87	220.26
结果	总烃、乙炔、氢气含量超过注意值！可能存在高能放电故障						

由表 2 数据可以看到，油中溶解气体的总烃、乙炔、氢气含量均较高。参照 GB/T 7252—2001《变压器油中溶解气体分析和判断导则》中三比值法诊断分析，发热原因可能为互感器内部存在故障，产生了高能放电。

4.3　解体检查分析

2013 年 7 月 25 日，对该 CVT 进行了解体检查，发现下节电容单元第二片膨胀器边缘有一道长 18cm、高 4cm 的裂口，且该膨胀器与其他膨胀器连接的等电位线焊点脱落，具体情况如图 3 和图 4 所示，其他部位未发现损坏或放电点。

图 3　过度膨胀形成裂口

图 4　膨胀器等电位线焊点脱落

综合试验数据和设备解体检查情况，分析电压器互感器异常原因如下：

图 5　电容单元解体后照片

由于焊接工艺的原因，膨胀器等电位连接线的焊点存在虚焊，在金属膨胀器膨胀的过程中焊点脱落，导致此金属膨胀器在高电场作用下产生悬浮放电。放电引起金属膨胀器发热并开裂，进一步加剧了放电过程，使局部温度升高。通过红外测温图像与解体后照片中缺陷位置的对比，温度升高的部位正是互感器内部金属膨胀器裂开的位置，如图 1 和图 5 所示。

第二片膨胀器等电位连接线的焊点脱落产生悬浮放电，使互感器油裂解、绝缘水平降低，导致介质损耗试验中 C_F 电容单元介质损耗因数增大与油色谱结果异常。

5　监督意见及要求

（1）在入厂监造的过程中，严把质量关，注重工艺质量，防止类似金属膨胀器焊点脱落的情况发生。

（2）在排除表面污秽的情况下，电容单元存在局部热点往往表明 CVT 内部有严重缺陷，应立即将设备退出运行，避免设备损坏引发电网事故。

（3）电容式 CVT 电容单元内部存在缺陷时，可利用油中溶解气体分析作为辅助诊断，综合进行故障分析。

报送人员：郭干、周小东、唐民富、郭文笔、朱仁。
报送单位：国网湖南湘西供电公司。

220kV 电容式电压互感器阻尼装置
损坏导致电磁单元发热

监督专业：电气设备性能　　　监督手段：带电检测
发现环节：运维检修　　　　　问题来源：运维检修

1　监督依据

DL/T 664—2008《带电设备红外诊断应用规范》

2　违反条款

DL/T 664—2008《带电设备红外诊断应用规范》附表 B 规定：电压互感器（含电容式电压互感器的互感器部分）整体温度偏高，且较正常电容式电压互感器温差大于 2～3K，则属于危急缺陷，应立即消缺或退出运行，并进行诊断性试验。

3　案例简介

2014 年 11 月，试验人员对某 220kV 变电站 220kV 电容式电压互感器（CVT）进行红外测温时发现电磁单元整体温升偏高，且中上部与下部温差达 15K。停电后进行诊断性试验与解体检查，发现阻尼电阻有严重烧焦痕迹，阻尼装置中电容器被击穿。

该 CVT 型号为 TYD220/$\sqrt{3}$- 0.005H，1995 年 3 月出厂，1995 年 11 月投运。

4　案例分析

4.1　红外测温

该 CVT 红外测温图谱如图 1 所示。该 CVT 电磁单元整体温升偏高，且中上部温度较下部温差达 15K。

4.2　诊断性试验

2014 年 11 月 19 日，对该 CVT 进行了诊断性试验，试验结果如下：

（1）电容单元介质损耗及电容量测试。电容单元介质损耗及电容量测试数据如表 1 所示，介质损耗及电容量测试数据合格，表明电容单元正常。

图 1　红外测温图谱

表1 介质损耗及电容量测试数据

测试部位		tanδ			电容量		
		本次（%）	初值（%）	初值差（%）	本次（pF）	初值（pF）	初值差（%）
上节		0.176	0.167	5.40	10 310	10 290	0.19
下节	C1	0.193	0.179	7.82	12 970	12 900	0.54
	C2	0.199	0.169	17.75	50 170	49 890	0.56
	C 总	—	—	—	10 305	10 249	0.54
备注		环境温度 18℃，相对湿度 70%					

（2）电磁单元绝缘电阻测试。电磁单元绝缘电阻测试数据如表 2 所示，绝缘电阻测试数据合格，表明电磁单元一、二次绕组主绝缘良好。

表2 电磁单元绝缘电阻测试数据

	绝缘电阻（MΩ）
一次绕组 AX 对二次绕组 ax、afxf 及地	>100 000
二次绕组 ax 对一次绕组 AX、二次绕组 afxf 及地	>100 000
二次绕组 afxf 对一次绕组 AX、二次绕组 ax 及地	>100 000
备注	环境温度 18℃，相对湿度 70%

（3）绕组直流电阻测试。绕组直流电阻测试数据如表 3 所示，绕组直流电阻测试数据合格，说明绕组不存在断路、短路现象。

表3 绕组直流电阻测试数据

		直流电阻（Ω）
一次绕组		3080
二次绕组 ax	带阻尼装置	0.062 98
	不带阻尼装置	0.063 54
二次绕组 afxf	带阻尼装置	0.116 80
	不带阻尼装置	0.117 80
备注		环境温度 18℃，相对湿度 70%

（4）变比测试。变比测试数据如表 4 所示，阻尼装置对变比测试结果影响较大，不带阻尼装置的测试结果与实际值接近，带阻尼装置的测试结果与实际值相差较大，初步怀疑阻尼装置存在缺陷。

表4 变比测试数据

		变比
AX/ax	带阻尼装置	242.6
	不带阻尼装置	224.21
	实际值	225.16

		变比
AX/afxf	带阻尼装置	141.84
	不带阻尼装置	129.8
	实际值	130
备注		环境温度18℃，相对湿度70%

（5）电磁单元空载试验。电磁单元空载试验数据如表5与表6所示，分别在带阻尼装置与不带阻尼装置情况下开展空载试验，在二次绕组afxf端子加压。空载试验发现阻尼装置对测试结果影响显著，带阻尼空载加压时，空载电流上升很快，空载损耗急剧增加，当空载电压为50V时，空载电流为4.31A，损耗达到了215.91W；不带阻尼加压时，电流上升平缓，同样电压50V时，空载电流为0.093A，损耗仅为2.987W。因此进一步怀疑阻尼装置存在缺陷。

表5　　　　　　　　　　　　　　**空载数据（带阻尼装置）**

电压（V）	10.6	20.3	31.4	40.8	50
电流（A）	0.95	1.8	2.75	3.55	4.31
损耗 W	9.98	36.72	86.96	145.18	215.91
备注	环境温度18℃，相对湿度70%				

表6　　　　　　　　　　　　　　**空载数据（不带阻尼装置）**

电压（V）	10.39	20.133	30.293	41.39	50.489	60.387	71.785	80.108	90.181	100.42
电流（A）	0.016	0.034	0.054	0.076	0.093	0.108	0.128	0.140	0.149	0.159
损耗（W）	0.249	0.498	0.995	1.991	2.987	3.983	5.476	6.721	8.214	10.208
备注	环境温度18℃，相对湿度70%									

（6）铁心励磁特性测试。不带阻尼装置测试铁心励磁特性曲线如图2所示，拐点电压71.07V、拐点电流0.2984A。拐点电压为额定工作电压的1.25倍，不会造成正常工作电压下CVT产生局部过热。

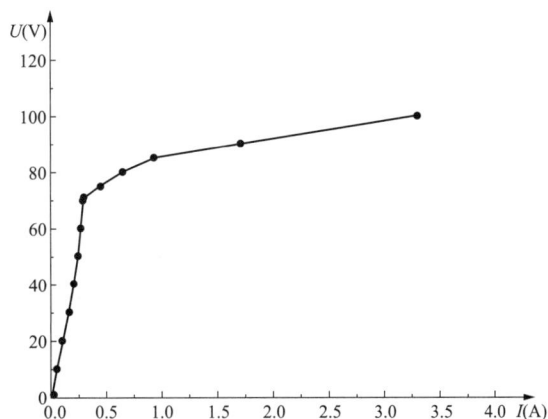

图2　CVT的励磁特性曲线

4.3 解体检查

为了进一步确定故障原因，对电磁单元进行了解体检查，发现阻尼电阻有严重烧焦痕迹，其余元件外观无异常，如图 3 所示。但经测试发现阻尼电阻阻值正常，而阻尼装置中电容器的极间完全导通，说明电容器被击穿。

图 3　阻尼电阻的解体情况

从试验数据和解体检查情况综合分析判断：由于阻尼装置中电容器被击穿，导致阻尼装置谐振条件被破坏，阻尼电阻在工作电压下流过较大电流造成电磁单元油箱发热。

5　监督意见及要求

积极开展红外精确测温工作，一旦发现温度异常，应立即进行诊断分析，必要时停电进行诊断性试验。

报送人员：张超、胡永方、赵宇、张闻玺、赵勇。
报送单位：国网湖南岳阳供电公司。

110kV 电容式电压互感器电容单元中压套管漏油导致互感器损坏

监督专业：电气设备性能	监督手段：专业巡视
发现环节：运维检修	问题来源：设备制造

1 监督依据

DL/T 664—2008《带电设备红外诊断应用规范》

《国家电网公司十八项电网重大反事故措施》（国家电网生〔2012〕352 号）

2 违反条款

（1）DL/T 664—2008《带电设备红外诊断应用规范》附录 B 规定：电压致热型设备缺陷诊断判据，电压互感器（包含电容式电压互感器的互感器部分）整体上部温度偏高，且中上部温差较大，温差达到 2~3K 属于危急缺陷。

（2）《国家电网公司十八项电网重大反事故措施》（国家电网生〔2012〕352 号）第 11.1.3.6 条规定：运行人员正常巡视应检查记录互感器油位情况。对运行中渗漏油的互感器，应根据情况限期处理，必要时进行油样分析，对于含水量异常的互感器要加强监视和油处理。油浸式互感器严重漏油及电容式电压互感器电容单位渗漏油的应立即停止运行。

3 案例简介

2014 年 12 月，某 220kV 变电站 110kV Ⅱ 母 B 相电压升高。运行人员红外测温发现 B 相电容式电压互感器（CVT）电容单元上部温度异常，与正常相温差达 4K。电压互感器电容量、变比试验数据异常。经解体检查，发现中压套管破损并渗油，缺油导致电容单元击穿，互感器损坏。

该 CVT 型号为 TYD110/√3-0.02H，2009 年 10 月出厂，2010 年 4 月投运。

4 案例分析

4.1 带电检测情况

2014 年 12 月 2 日，监控人员发现某 220kV 变电站 110kV Ⅱ 母 B 相电压升高，线电压达 125kV。运行人员现场测量 CVT 二次电压，A、C 相 61.0V，B 相 65.3V；B 相红外测温图谱如图 1 所示，电容单元上部温度达 13.3℃，与正常相温差达 4℃。三相外观

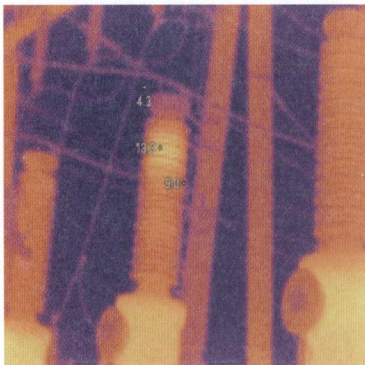

图 1　红外测温图谱

检查均无渗漏油、破损等异常现象，B相电磁单元油位观察窗显示油位已满。

4.2　诊断性试验

该CVT退运后，试验人员对其进行电容量及介质损耗因数、变比测试，试验结果分别如表1和表2所示。从表1可以看出，上节电容单元C1增大超10％，初步判断内部电容元件可能存在击穿现象。

根据电容量计算的变比较额定变比减小6％，实测变比较额定变比减少6％，与现场运行人员实测二次电压变化一致。

表 1　介质损耗及电容量测试数据

检验部位	tgδ%	C_x（pF）	初值C（pF）	初值差
C1	0.091	32 690	29 580	+10.5％
C2	0.093	64 170	63 850	+0.5％
备注		环境温度13℃，相对湿度60％		

表 2　变比测试数据

测试端子	实测变比	额定变比
1a1n	1026	1100
2a2n	1026	1100
dadn	586.5	635
备注	环境温度13℃，相对湿度60％	

4.3　解体检查

吊起电容单元后，发现电磁单元箱体内油位与法兰面平齐，密封圈完好，如图2所示。电容底部套管上有明显渗油现象，渗油点位为瓷套与金属法兰结合处，如图3所示。

图 2　电磁单元箱体满油

图 3　电容底部套管破损渗油

取下电容单元上盖板，将金属膨胀器取出，发现电容单元油位降低，缺油一半左右，如图4所示。吊开外瓷套，检查电容芯，发现顶部几个电容元件的颜色与下部元件明显不同，如图5所示。用万用表检查发现从上往下第2、3、4、5、6共5个电容元件极间完全导通，其余电容元件的电容量约为1.6μF。

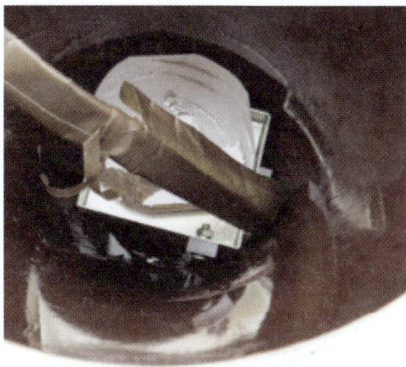

图4　电容单元严重缺油

图5　暴露在油位之上的电容元件

CVT电容单元共有56个电容元件，击穿5个后有效元件为51个，电容量增加9.8%，与之前的电容量实测结果10.5%基本相符。

检查渗漏缺陷的中压套管，套管外表面无任何生产厂家或型号标识，套管靠电容单元端为开放式，靠电磁单元端为封闭式，套管内部中空部分与电容单元绝缘油连通。轻敲套管即发生脆断，如图6所示。检查套管瓷断面，如图7所示，发现有颜色明显不同的多个区域，在渗油部位附近及中部区域颜色略深，且浸有绝缘油，其他区域为白色无绝缘油的新断面，两类区域间可见明显缝隙及交界面。

图6　断裂后的底部套管

图7　套管断面情况

综合上述情况，故障原因为电容单元底部套管存在裂纹，电容单元内部绝缘油渗漏到电磁单元箱体中，造成电容单元缺油，进而导致部分电容元件击穿，电容量增加，变比减小，二次电压异常。

5　监督意见及要求

（1）运行中的互感器，应加强电磁单元箱体油位巡视和红外测温工作。发现异常应立即进行分析处理。

（2）对电压致热型设备要加强精确测温工作，建立好图谱数据库，一旦发现异常，应认真比对分析，尽早发现缺陷并及时处理，避免发生设备事故。

报送人员：刘郑哲、李日波、孙振华。

报送单位：国网湖南衡阳供电公司。

110kV 电容式电压互感器电容单元击穿导致异常发热

| 监督专业：电气设备性能 | 监督手段：带电检测 |
| 发现环节：运维检修 | 问题来源：设备制造 |

1 监督依据

GB/T 7252—2001《变压器油中溶解气体分析和判断导则》

DL/T 664—2008《带电设备红外诊断应用规范》

Q/GDW 1168—2013《输变电设备状态检修试验规程》

2 违反条款

(1) GB/T 7252—2001《变压器油中溶解气体分析和判断导则》第 9.3 条规定：110kV 及以下电压互感器油中气体含量总烃、乙炔、氢气分别不应超过 $100\mu L/L$、$3\mu L/L$、$150\mu L/L$ 的注意值。

(2) DL/T 664—2008《带电设备红外诊断应用规范》附录 B 表 B.1 电压致热型设备缺陷诊断判据规定：电容式电压互感器温差 2～3K 属于危急缺陷。

(3) Q/GDW 1168—2013《输变电设备状态检修试验规程》第 5.6.1.1 条规定：电容式电压互感器电容量初值差 $\leqslant\pm2\%$（警示值）。

3 案例简介

2011 年 1 月，试验人员在对某 110kV 变电站进行精确红外测温过程中，发现 110kV 5×24 A 相电容式电压互感器（CVT）瓷瓶发热异常，其中 A 相电容单元温度高于正常相 0.6℃，初步判断电容单元存在缺陷。

该 CVT 型号为 TYD110/$\sqrt{3}$- 0.02H，1999 年 8 月出厂，2000 年 2 月投运。

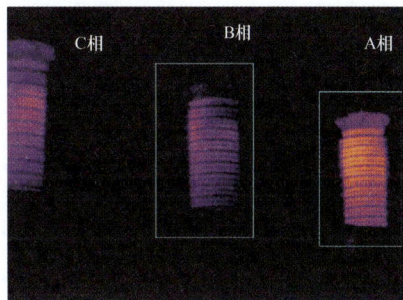

图 1　5×24 电压互感器红外测温图谱

4 案例分析

4.1 带电检测情况

5×24 三相 CVT 红外测温图谱如图 1 所示，从左至右相序分别为 C、B、A，其中 A 相电容单元温度高于 B 相 0.6℃。

4.2　诊断性试验及分析

（1）对三相CVT电容单元、中间变压器、二次绕组进行了绝缘电阻测试，对二次绕组进行了直流电阻测试，测试数据均合格。

（2）对三相CVT开展电容量和介质损耗因数测试，测试数据如表1所示。

表1　　　　　　　　　5×24电压互感器电容量及介质损耗因数测试数据

相别	部位	tgδ（%）	实测电容量（pF）	上次电容量（pF）	电容量初值差（%）
A	$C_上$	0.137	30 492	29 480	3.4
A	$C_下$	0.137	63 546	63 520	0.04
A	C	—	20 604	20 135	2.3
B	$C_上$	0.139	29 597	29 540	0.19
B	$C_下$	0.124	63 787	63 809	−0.03
B	C	—	20 216	20 192	0.12
C	$C_上$	0.122	29 520	29 510	0.03
C	$C_下$	0.108	63 414	63 386	0.04
C	C	—	20 143	20 135	0.03
备注	环境温度25℃，相对湿度60%				

由表1可知，B、C相CVT电容量及介质损耗因数测试数据合格，A相电压互感器上、下电容器介质损耗因数合格，但上节电容量明显增大，已超过Q/GDW 1168—2013《输变电设备状态检修试验规程》初值差2%的规定，且其总电容量初值差也超过2%。

（3）变比试验结果如表2所示。

表2　　　　　　　　　　　变 比 试 验 数 据

相别	二次绕组	实测变比	额定变比	偏差（%）
A	1a1n	1125.3	1100	2.3
A	2a2n	1126	1100	2.36
A	dadn	656.4	635	3.37
B	1a1n	1109	1100	0.82
B	2a2n	1108	1100	0.73
B	dadn	630	635	0.78
C	1a1n	1108	1100	0.73
C	2a2n	1110	1100	0.9
C	dadn	637	635	0.3
备注	环境温度25℃，相对湿度60%			

表2中，横向比较A、B、C三相变比数据，A相变比明显正向大于B、C相变比。

变比增大有两种可能原因：一是电磁单元二次绕组发生严重匝间短路或者二次绕组绝缘性能严重下降；二是电容单元电容量变化，$C_上$增大或$C_下$减小。

（4）电容单元油色谱分析结果如表3所示。

表3　　　　　　　　　　　油 样 色 谱 试 验 数 据

分析项目	组分浓度（μL/L）		
	A相	B相	C相
氢气	991	77	108
甲烷	399	133	10
乙烷	47	82	8
乙烯	654	62	9
乙炔	826	0	0
一氧化碳	12 45	863	734
二氧化碳	2695	3766	4768
总烃	1926	278	27

从表3中三相比较的结果，并参照 GB/T 7252—2001《变压器油中溶解气体分析和判断导则》中三比值法分析判断：A相可能存在电弧放电故障。

由以上试验数据分析可知，电容单元绝缘及介质损耗因数合格说明电容器本身并未发生受潮及老化；而上节电容器电容量明显增大、变比增大及油中发现乙炔，说明电容单元可能存在贯穿性放电，导致电容局部短路，从而使电容量增大。初步判定电容单元瓷瓶发热异常是由于$C_上$部分电容单元放电击穿导致。

4.3　解体分析

为验证以上分析，将5×24 A相CVT退出运行，解体情况如图2、图3所示。

图2　瓷瓶吊起后　　　　　　图3　电容单元

外观检查电容器瓷瓶无脏污，排除了是由于污秽而引起的瓷瓶发热。图3中电容单

元由 104 个电容元件串联而成，其中上节电容器 71 个，下节电容器 33 个。拆除电容单元夹件后，对电容单元进行了仔细清查，发现上节电容从上往下的第 30 个与第 34 个电容元件已经发生不同程度的放电，电容元件击穿，放电部位靠近电容元件的中心处，如图 4 所示。

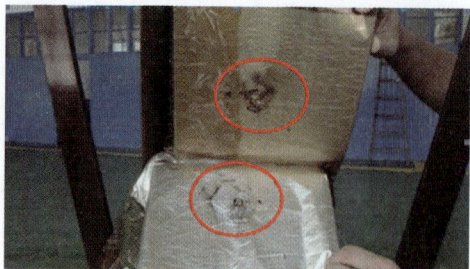

图 4　电容元件放电击穿痕迹

时应停电进行诊断性试验、检查及处理。

5　监督意见及要求

应加强电容式 CVT 电容单元精确红外测温，针对异常发热即使温差未达到危急缺陷的参考值，也应引起高度重视，必要

报送人员：刘炳正、徐宇、毛浩。

报送单位：国网湖南益阳供电公司。

110kV 电容式电压互感器中压引线接触不良导致局部放电

监督专业：电气设备性能　　监督手段：专业巡视
发现环节：运维检修　　问题来源：设备制造

1　监督依据

GB/T 7252—2001《变压器油中溶解气体分析和判断导则》
Q/GDW 1168—2013《输变电设备状态检修试验规程》

2　违反条款

GB/T 7252—2001《变压器油中溶解气体分析和判断导则》第 9.3 条规定：110kV 及以下电压互感器油中气体含量总烃、乙炔、氢气分别不应超过 $100\mu L/L$、$3\mu L/L$、$150\mu L/L$ 的注意值。

Q/GDW 1168—2013《输变电设备状态检修试验规程》第 5.6.1.1 条表 17 规定：分压电容器试验极间绝缘电阻$\geqslant$5000MΩ（注意值），介质损耗因数$\leqslant$0.0025（警示值）；5.6.1.2 规定：巡检时，互感器应无异常声响或放电声。

3　案例简介

2015 年 9 月，某市供电公司监测显示某 220kV 变电站 516 A 相电容式电压互感器（CVT）保护装置发角差异常信号，并不断告警与复归。运维人员在现场还听到互感器电磁单元发出异常响声。停电后进行诊断性试验，发现电容单元介质损耗因数与绝缘电阻异常。解体检查发现分压电容引出线与中间变压器高压一次引线连接处紧固螺栓存在明显放电痕迹，分析认为故障系连接部分接触不良所导致。

该 CVT 型号为 TYD110/$\sqrt{3}$-0.01，1996 年 10 月出厂，1996 年 12 月投运，CVT 原理图如图 1 所示。

图 1　CVT 结构原理接线图
C1、C2—分压电容；T—中间变压器；
L—补偿电抗器；P—避雷器；
R—消谐电阻；Ls—消谐电抗器

4　案例分析

发现设备运行异常后，试验人员对该互感器开展了红外测温，未发现明显异常情况。

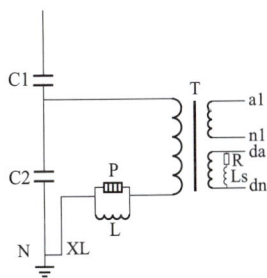

4.1 诊断性试验

设备停电后，试验人员开展了绝缘电阻、介质损耗因数及电容量、变比、油中溶解气体分析和油中含水量检测等五项试验进行综合诊断。

（1）绝缘电阻测试。绝缘电阻测试结果如表 1 所示，表中 C1 为电压互感器上节电容、C2 为下节电容、N 为 C2 的尾端、XL 端子为电磁单元一次尾端。

表 1   绝缘电阻测试数据

试验部位	试验值（MΩ）	初值（MΩ）	试验部位	试验值（MΩ）	初值（MΩ）
C1	5900	25 000	XL－地	40	10 000
C2	130	18 200	1a1n	30	1800
N－地	130	10 000	dadn	35	2000
备注			环境温度 29℃，相对湿度 65%		

从表 1 可知 C1 绝缘电阻值虽然大于规程规定的注意值（5000MΩ），但与初值相比明显降低。C1 绝缘电阻值降低的可能原因有两种，一是电容元件存在部分击穿；二是电容单元内部有受潮现象，需解体检查判断。

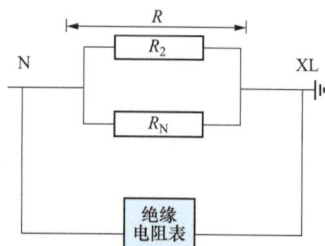

图 2   测量 C2 绝缘电阻接线示意图

C2 与其尾端 N 的绝缘电阻均为 130MΩ，但此时测得的 C2 绝缘电阻值 R 是 C2 极间绝缘电阻 R_2 与尾端 N 对地的绝缘电阻 R_N 的并联值（如图 2 所示），由两者之中的较小值起决定作用，可以判断 R 严重降低主要是由于 R_N 降低导致的。此外，电磁单元尾端、二次接线端子等部位的绝缘也严重降低，判断其原因为二次接线板受潮。

（2）电容量和介质损耗因数。对 516 A 相 CVT 进行了电容量和介质损耗因数测试，结果如表 2 所示。从表 2 可知 C1、C2 的介质损耗因数均超过 Q/GDW 1168—2013《输变电设备状态检修试验规程》介质损耗因数≤0.0025 的规定，初步怀疑电容单元存在缺陷。

表 2   互感器介损及电容量测试数据

试验部位	介质损耗因数 $\tan\delta$		电容量 C_x（pF）		
	试验值	初值	试验值	初值	初差值
C1	0.01 572	0.00 185	13 100	12 906	1.5%
C2	0.01 570	0.00 177	44 130	44 412	−0.63%

（3）变比试验。变比试验结果如表 3 所示，测量变比与额定变比未存在明显差异。

（4）油中溶解气体分析。对电磁单元取油进行油中溶解气体分析，结果如表 4 所示。从表 4 可知总烃、氢气含量超过注意值，乙炔含量高达 767.7μL/L，用 GB/T 7252—2001《变压器油中溶解气体分析和判断导则》的三比值法分析，5 项特征气体对应的三比值编码为 102，初步判断互感器内部存在电弧放电。

表 3　　　　　　　　　　　　　　　互感器变比测试数据

试验部位	变比试验值	变比额定值	偏差（％）
1a1n	1093	1100	−0.64
dadn	629.7	635	−0.83

表 4　　　　　　　　　　　　　　　互感器油中溶解气体分析

组分	甲烷	乙烯	乙烷	乙炔	氢气	一氧化碳	二氧化碳	总烃
含量（μL/L）	587.29	3609.34	461.09	767.6	1773.14	355.81	2673.16	5425.32

（5）油微水试验。微水试验测试结果为 61.4mg/L，超过 Q/GDW 1168—2013《输变电设备状态检修试验规程》水分≤35mg/L（110kV）的标准，表明 CVT 电磁单元存在受潮缺陷。

4.2　解体检查

2015 年 9 月 4 日，对该 CVT 进行解体检查，发现二次接线板受潮，如图 3 所示。

将接线板内侧与电容单元和电磁单元内部元件连接的引线全部解开，单独对各接线柱进行绝缘电阻测量，试验数据如表 5 所示，表明二次接线板已严重受潮。

图 3　二次接线板受潮痕迹图

表 5　　　　　　　　　　　　　　　二次接线板绝缘电阻值

试验部位	试验值（MΩ）	初值（MΩ）	试验部位	试验值（MΩ）	初值（MΩ）
N-地	150	10 000	XL-地	50	10 000
1a1n	50	1800	dadn	40	2000
备注	环境温度 28℃，相对湿度 58％				

进一步解体检查发现，电容单元 C1 尾端引出线与中间变压器高压一次引线连接处紧固螺栓有明显放电痕迹，螺栓附件引线外护套有明显碳化现象，用手能轻松拧动螺栓，如图 4 所示。判断放电原因为螺栓松动导致运行中产生悬浮放电。

将电磁单元绝缘油抽尽后发现并联在一次补偿电抗器两端的氧化锌避雷器完全倾倒在电磁单元底部，如图 5 所示。用 1000V 挡绝缘电阻表测量避雷器绝缘电阻超过 10 000MΩ，表明避雷器绝缘良好。

电磁单元解体完成后，对电容单元进行了解体检查，发现电容单元顶部注油孔有轻微渗油现象，电容元件未发现明显的击穿、移位、松动等异常现象。

综合试验数据和解体检查情况，516 A 相 CVT 出现异常声响的原因是互感器内部存在局部放电，产生局部放电的根本原因是中压引线接触不良。此外，该互感器电磁单元存在受潮缺陷，受潮导致介质损耗因数增大、绝缘电阻降低。

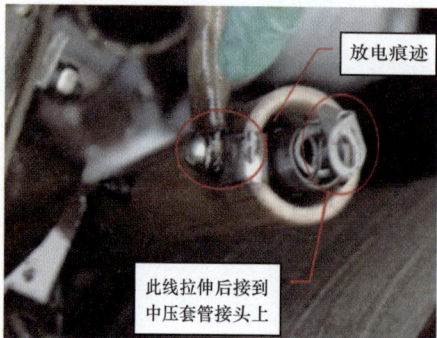

图 4　中间变压器一次引线连接处放电痕迹　　　　图 5　保护用避雷器倾倒

5　监督意见及要求

（1）油中溶解气体分析对可有效判断 CVT 电磁单元内部是否存在局部放电，对运行中有异常声响的 CVT，可进行油色谱分析判断其状况。

（2）密封性能降低是包括 CVT 在内的电力设备受潮的主要原因之一。日常工作中应加强对设备的检查和维护，对密封性不良的缺陷要及早进行处理。

报送人员：唐民富、田维、周小东。
报送单位：国网湖南湘西供电公司。